U0267126

湖北湿地生态保护研究丛书

城乡交错带典型流域
面源污染模拟与防治

庄艳华　张　亮　王学雷◎著

湖北科学技术出版社
HUBEI SCIENCE & TECHNOLOGY PRESS

图书在版编目(CIP)数据

城乡交错带典型流域面源污染模拟与防治 / 庄艳华，
张亮，王学雷著. —武汉 ：湖北科学技术出版社，
2020.12

（湖北湿地生态保护研究丛书 / 刘兴土主编）

ISBN 978—7—5706—0142—4

Ⅰ. ①城... Ⅱ. ①庄... ②张... ③王... Ⅲ. ①郊区—
流域—面源污染—污染防治—研究 Ⅳ. ①X52

中国版本图书馆 CIP 数据核字(2020)第 129366 号

策　　划：高诚毅　宋志阳　邓子林

责任编辑：谭学军　王小芳　　　　　　　　　　　装帧设计：喻　杨

出版发行:湖北科学技术出版社　　　　　　　电　　话:027-87679468

地址:武汉市雄楚大街 268 号　　　　　　　　邮　　编:430070

（湖北出版文化城 B 座 13—14 层）　　　　网址:http://www.hbstp.com.cn

印刷:武汉市卓源印务有限公司　　　　　　　邮　　编:430070

| 787×1092 | 1/16 | 9 印张 | 10 插页 | 220 千字 |

2020 年 12 月第 1 版　　　　　　　　　　　　2020 年 12 月第 1 次印刷

定价:100.00 元

（本书如有印装质量问题,可找承印厂更换）

"湖北湿地生态保护研究丛书"编委会

主　编　刘兴土

副主编　王学雷　杜　耘

编　委　（按姓氏拼音排序）

雷　刚　李兆华　厉恩华　石道良

史玉虎　肖　飞　杨　超　庄艳华

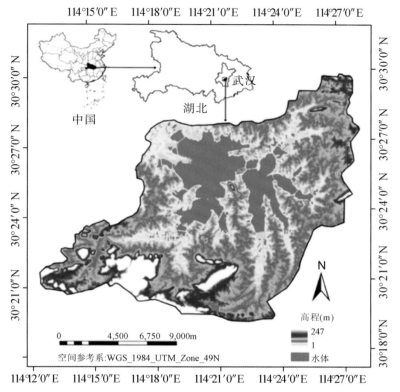

图1 汤逊湖流域地理位置图

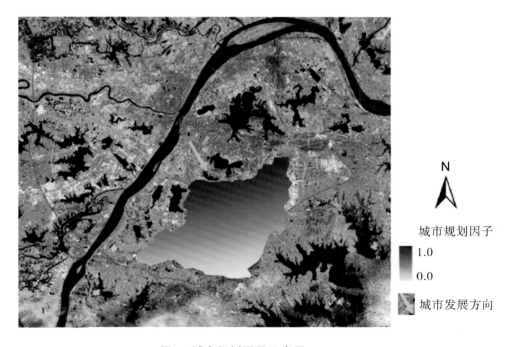

图2 城市规划因子示意图

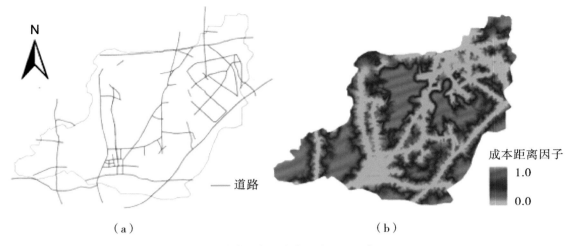

（a）   （b）

图3   交通道路分布及成本距离因子示意图

（a）道路；（b）成本距离因子示意图

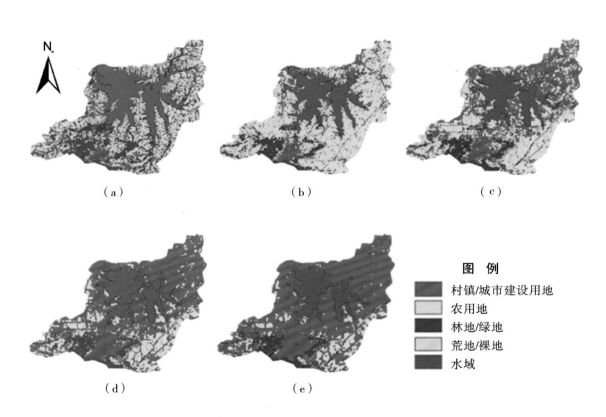

（a）   （b）   （c）

图 例

村镇/城市建设用地

农用地

林地/绿地

荒地/裸地

水域

（d）   （e）

图4   1991-2030年汤逊湖流域土地利用变化模拟结果

（a）1991年实际；（b）2001年实际；（c）2011年实际；（d）2020年模拟；（e）2030年模拟

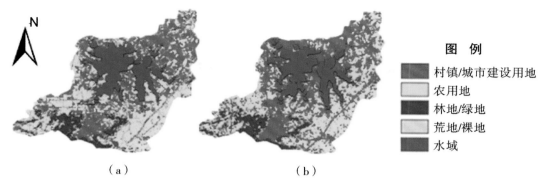

图5 汤逊湖流域2011年土地利用现状及模拟结果

（a）2011年实际；（b）2011年模拟

图 例

村镇/城市建设用地
农用地
林地/绿地
荒地/裸地
水域

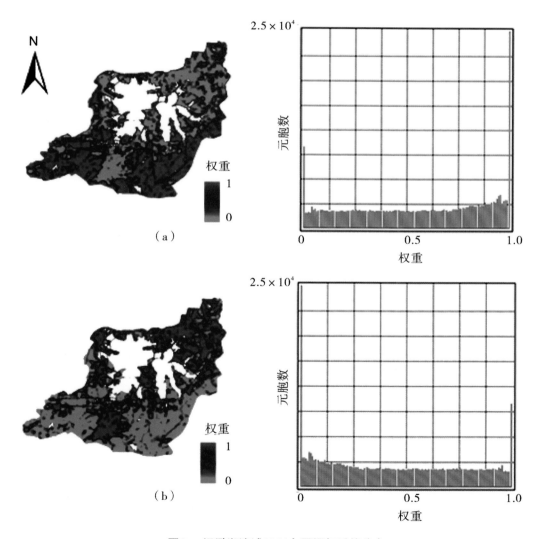

图6 汤逊湖流域2011年面源权重值分布

（a）农业面源权重分布；（b）城市面源权重分布

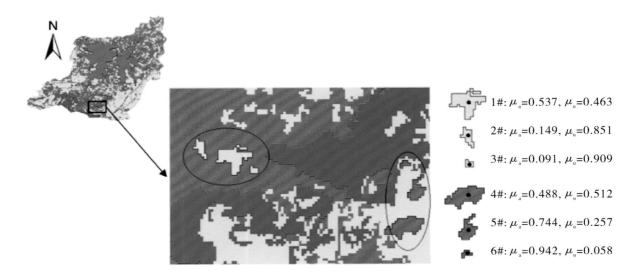

图7 汤逊湖流域2011年主要控制点分布及其面源权重

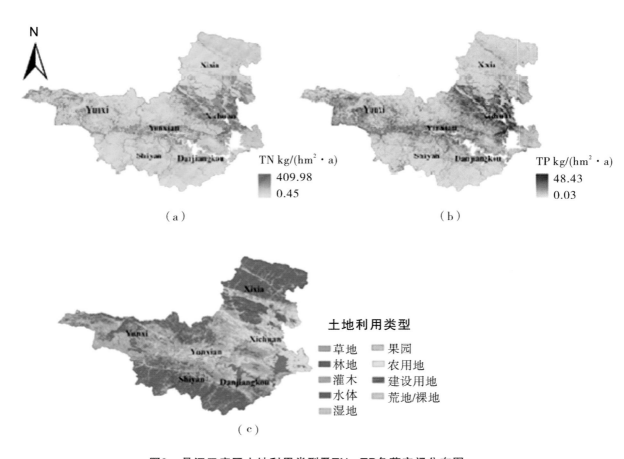

图8 丹江口库区土地利用类型及TN、TP负荷空间分布图
（a）TN负荷；（b）TP负荷；（c）土地利用类型

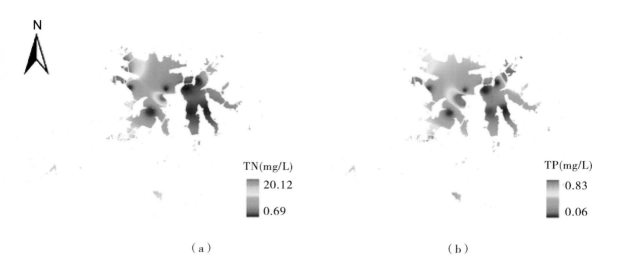

图9　汤逊湖流域2011年水质空间分布图

（a）TN水质空间分布；（b）TP水质空间分布

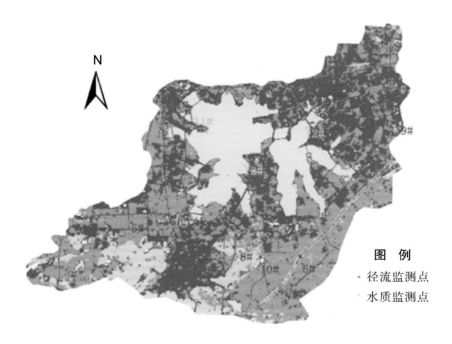

图10　汤逊湖流域面源污染控制监测点位图

前　言

面源污染(Non－point source pollution)，也称非点源污染，是指溶解和固体的污染物从非特定地点，在降水或融雪的冲刷作用下，通过径流过程而汇入受纳水体(包括河流、湖泊、水库和海湾等)并引起有机污染、水体富营养化或有毒有害等其他形式的污染。由于随机性强、成因复杂、潜伏周期长，且地理边界和发生位置难以识别和确定，面源污染已成为目前水环境污染的重要来源。发达国家的调查资料表明，20世纪80年代，在点源污染得到有效控制之后，水体环境质量并未得到迅速改善，面源成为影响水环境质量的又一主要来源。中国的面源污染研究始于20世纪90年代湖泊富营养化调查和农田生态系统研究。2007—2010年开展的"第一次全国污染源普查"显示，当前农业面源污染对入水体负荷的贡献率为总氮57.2%、总磷67.4%。要从根本上解决我国水污染问题，必须把面源污染防治纳入环境保护的重要议程。

中国目前的发展程度处于发达国家与发展中国家之间，不仅点源与面源问题并存，而且存在城乡交错带这一类特殊地带。相对于单一的农业面源或城市面源而言，这种城乡交错带的面源污染形式更为复杂。由于城乡交错带地表结构复杂、功能交错、变化迅速，农业面源和城市面源在空间上交错并存，在时间上随着城市化进程而变化。如何估算城乡交错带的面源污染负荷？目前鲜有研究。如果直接利用国内外现有的农业面源模型或城市面源模型估算这种特殊区域的面源污染负荷，会产生较大误差。准确估算城乡交错带面源污染负荷，具有重要的理论价值和实践意义。

湖北地处长江中游，位居华中腹地，水资源丰富，素有"千湖之省"之称。武汉市号称"百湖之市"，地处长江、汉江两江交汇处，市内湖泊塘库棋布、河港沟渠交织。根据《武汉市湖泊保护条例(2015年)》，纳入湖泊保护条例附录的湖泊数量为166个，其中，超过1000hm² 的湖泊有17个，超过100hm² 的湖泊有68个，其中大部分湖泊流域及其周边正在经历着城市化建设。

汤逊湖流域位于武汉市东南、城乡交错带，横跨远城区和郊区，属于典型的城郊型湖泊，水域面积47.26km²。2001年以前，农用地为区域内主要用地类型，农业面源污染是主要的面源污染形式；随着城市化进程的加快，村镇/城市建设用地迅速增加，并超过农用地面积，成为流域主导用地类型，城市面源污染成为区域水体污染的重要来源。目前，作为两大主导地类，村镇/城市建设用地主要分布在流域北部，农用地主要分布在流域西南部和东南部，两种用地类型交错分布，其产生的面源污染形式更为复杂，共同影响着区域水环境质量。

针对城乡交错带面源污染特征，本研究工作的目的在于，利用交叉学科在城市化、环境模型和空间分析等领域的研究成果，构建城乡交错带的复杂面源模型，并选择典型湖泊流域为研究对象，模拟预测面源污染负荷的时空分布，在此基础上，解析复杂面源污染主要影响因子,并针对性地制定城乡交错带面源污染控制最佳管理措施(Best Management Practices, BMPs)体系。本研究结论对于控制城乡交错带面源污染、改善城乡居住环境具有重要的理论意义和实用价值。

《城乡交错带典型流域面源污染模拟与防治》一书共分 7 章。第 1 章绪论,系统介绍了研究背景、面源污染研究进展、城乡交错带典型研究区域概况以及整体研究思路;第 2 章运用元胞自动机(Cellular automaton,CA)和土地利用程度变化模型模拟分析了汤逊湖流域城市化过程;第 3 章运用农业面源污染模型(二元结构污染物输出经验模拟)、城市面源模型(L－THIA 模型)和城市化模型(CA 模型),构建了适用于复杂面源污染的 CA－AUNPS 模型,模拟了快速城市化背景下的汤逊湖流域面源污染时空变化规律;第 4 章运用负荷－面积曲线及其斜率客观、定量地识别流域面源污染的关键源区,为针对性制定成本效益高的污染控制措施提供科学依据;第 5 章综合运用 SOM 模型、线性相关和多元回归模型分析了复杂面源污染的主要影响因子;第 6 章基于 3S 技术、CA－AUNPS 模型模拟及面源污染主控因子分析结果,针对性地构建了汤逊湖流域复杂面源污染控制 BMPs 体系,为快速城市化背景下的湖泊流域水质保护提供了科学指导;第 7 章针对研究过程中发现的问题提出了未来的研究思路及展望。

本书基于国家自然科学基金项目"快速城市化背景下水体面源污染时空变化模拟与预测研究(No. 40701184)"和"城乡交错带复杂面源污染边界效应及模型改进研究(No. 51409240)"以及"中国科学院青年创新促进会(No. 2018370、2016304)"等项目资助,由中国科学院精密测量科学与技术创新研究院(原中国科学院测量与地球物理研究所)、武汉大学、环境与灾害监测评估湖北省重点实验室及湖北省面源污染防治工程技术研究中心作为技术支撑单位共同完成。特别感谢武汉大学洪松教授在研究过程中给予的重要指导和建议,尤其提出"复杂面源污染"的概念;同时感谢武汉大学王海军教授、林宏燕工程师和华中农业大学王真教授、张文婷副教授在研究过程中给予的帮助。此书的出版有助于扩展传统按农业、城市、工业等方式简单划分面源污染类型的认识,为中国地理环境复杂、快速城市化背景下的面源污染防治及河湖湿地保护提供了重要理论和方法参考。

本书从城乡交错带面源污染特征出发,系统介绍了复杂面源污染概念、适用于城乡交错带的模型模拟方法及其应用、城乡交错带面源污染时空变化规律及其关键源区和关键影响因子、复杂面源污染控制 BMPs 体系及其效果,为广大从事面源污染模拟、水环境治理、湿地保护等领域研究者提供借鉴和帮助。编者水平有限,敬请读者和科研工作者不吝赐教!

著　者

2020 年 8 月

目　　录

第 1 章

绪　　论

1.1　快速城市化背景下的面源污染研究背景与意义

1.1.1　城市化背景下的面源污染研究背景

面源污染(Non—Point Source Pollution,NPS),也称非点源污染,是指溶解和固体的污染物从非特定地点,在降水或融雪的冲刷作用下,通过径流过程而汇入受纳水体(包括河流、湖泊、水库和海湾等)并引起有机污染、水体富营养化或有毒有害等其他形式的污染(Lee,1979)。由于随机性强、成因复杂、潜伏周期长,且地理边界和发生位置难以识别和确定,面源污染已成为目前水环境污染的重要来源。根据污染发生区域和过程特点,一般将面源分为农业面源和城市面源两大类。20 世纪 60 年代以来,随着点源污染得到有效控制和治理,面源污染成为危害全球水环境质量的重要来源(贺缠生等,1998)。20 世纪 80 年代,在美国58％的总氮(TN)、87％的总磷(TP)和 98％的总悬浮固体(TSS)来源于面源污染(Gianessi et al,1981);进入 20 世纪 90 年代,全球 30％～50％的水体受到面源污染的影响(Corwin et al,1997)。在中国,1986—1990 年对 26 个湖泊的调查结果显示,大部分湖泊流域面源污染对入湖总污染负荷的贡献率均高于 50％(吕耀,2000),面源污染成为滇池和太湖等重要湖泊水质恶化的重要原因。2007—2010 年开展的“第一次全国污染源普查”再次明确,当前农业面源污染贡献率为总氮 57.2％、总磷 67.4％。

农业面源成为美国、日本和欧洲等许多国家和地区水环境的第一污染源。相关调查结果表明,美国农业活动对面源污染负荷的贡献率达 57％～75％(Novotny et al,1981);在日本,1975 年琵琶湖入湖总污染负荷中 22.1％的氮负荷来源于农业活动(吕耀,2000);瑞典的拉霍尔姆湾和谢夫灵厄流域水体中来自农业活动的氮输入量分别高达 60％和 80％(Vought et al,1994);在荷兰,来自农业面源污染的 TN 和 TP 分别占总污染负荷的 60％和 40％～50％(Boers,1996)。在中国,云南滇池流域农业面源氮负荷占流域总污染负荷的 53％(陶思明,1996);京津地区排入渤海的氮负荷使受纳海水浓度接近污水,其中 91.74％来源于化肥流失(张夫道,1985)。

随着城市化发展,非透水性下垫面比例日益增大,城市面源成为继农业面源污染之后的又一主要污染来源(Corwin et al,1997)。1990 年,美国环保署(USEPA)公布了农业、工业和城市等不同污染源对河流污染的贡献率,其中城市径流占 9％;1993 年 USEPA 将城市径流列为第三大水体污染源(王和意等,2003)。随着城市化水平不断提高,城市面源对水体污染的贡献率将继续增加。研究表明,暴雨能普遍导致城市地表污染(伍发元等,2003),径流中 SS 和重金属等污染物浓度与未处理的城市污水基本相同。

中国正处于快速城市化进程中(杨柳等,2004),随着人口增长、开发活动加剧,工业废水和生活污水排放量日益增加,面源污染形势严峻,水环境质量日益恶化,生态系统遭到了严重破坏。城市化发展往往导致土地利用方式在短期内发生剧烈改变,从而导致面源污染物在时间和空间维度上均呈现复杂的动态变化。这对面源污染研究提出了新的要求:一方面,要准确界定研究区域的面源污染特征;另一方面,要正确理解土地利用格局变化与面源污染之间的关系,明确快速城市化背景下面源污染负荷时空变化的动态过程。

1.1.2 城市化背景下面源污染研究的意义

在城市化过程中,存在大量由农村向城市过渡的地带,或正处在城市化进程中的区域,较为典型的是城乡交错带。城乡交错带,也称城乡接合部,是在城市与乡村地域之间形成的新型过渡性区域,具有独特的结构、功能和城乡双重特征,是城市化进程中最敏感、变化最迅速的特殊地域单元(Buffleben et al.,2002;陈佑启,1995;钟晓兰等,2006)。城乡交错带既保留了原有农村土地利用格局,又包含城市要素的扩散,土地利用类型多样、结构复杂、功能交错、变化迅速,已逐渐成为环境、城市、地理与经济等多学科的研究热点(Pacione,2013;万利,2009)。人类活动干扰导致城乡交错带环境系统脆弱,生态退化和环境污染十分严重(黄宝荣等,2012)。由于缺少排污管网等基础设施,城乡交错带的面源污染已成为水体富营养化的三大驱动因素之一(张维理等,2004)。

复杂的土地利用格局导致城乡交错带内农业面源和城市面源交叉并存。城乡交错带处于快速城市化背景下,土地利用类型年际间、年度内变化均较大,土地利用变化直接影响下垫面特征(如地形、透水性、污染来源等)。农村土地利用覆盖主要表现为透水地面,氮、磷等污染物主要来自化肥农药的使用、畜禽养殖及土壤侵蚀等,受坡度、土壤类型等自然条件的影响较大(杨林章等,2013);城市是人类居住和活动最密集的地方,主要为非透水性地面,污染来源包括生活、交通、工业和大气沉降等方面,污染负荷产生量大(叶闽等,2006;Snodgrass et al,2008)。显然,单一的农业和城市面源在污染物来源、种类、浓度和迁移转化规律等方面均存在本质差异。城乡交错带的面源污染兼具农业面源和城市面源特征,但又不仅仅是两种面源的简单叠加,污染更为复杂。在城乡交错带既无法简单界定区域面源特征,也不易划分农业面源和城市面源的边界。目前,常用的解决方法是根据区域内的主要面源形式近似将区域面源简化成单一面源(农业或城市面源),或者基于行政边界和现有地物特征人为地划分农业面源和城市面源的边界(章北平,1996)。传统处理方法往往导致面源污染负荷模拟结果存在一定误差。对于大量存在的、类似城乡交错带的区域,准确模拟区域内面源污染负荷的时空分布具有重要的现实意义。

如何界定城乡交错带的面源特征?如何运用成熟的农业面源模型和城市面源模型来估算复杂面源?在快速城市化背景下,复杂面源特征随之发生着变化,如何准确模拟复杂面源的时空变化？解决这一系列问题,首先要寻找区分农业面源和城市面源的特征因子,并运用这一特征因子综合确定流域复杂面源的空间分布特征,解决传统人为划分农业面源和城市面源边界的问题,并在此基础上合理地估算复杂面源污染负荷。

当代 3S 技术(GIS、RS 和 GPS)的发展,为复杂面源污染负荷时空变化模拟提供了技术支持。尽管复杂面源特征的确定具有一定难度,但多时态、高分辨率的遥感影像和强大的GIS 分析技术为复杂面源的估算提供了数据来源和技术支持,使得复杂面源特征的确定可以以栅格(30m×30m)作为模拟单元。基于栅格的特征分析可以大大降低传统人为划分面源特征的误差,同时,基于栅格的面源特征分析能很好地反映快速城市化背景下复杂面源的实时变化特征,为模拟复杂面源污染负荷的时空变化提供了可能。在城市地理学研究中,元胞自动机(cellular automaton,CA)被广泛应用于城市化动态模拟,且已达到较高的精度。将面源污染模型与城市化模型结合,通过 CA 模拟汇水区土地利用空间格局变化,可以实现复杂面源污染负荷的时空变化预测。

1.2　面源污染研究进展

1.2.1　全球面源污染研究趋势

文献计量学是评估不同学科领域研究趋势的有效工具(Pritchard,1969;Chiu,2007;Zhuang et al,2012)。通过文献计量学方法分析了面源污染研究领域的研究现状、发展趋势及热点问题。以 ISI Web of Knowledge 的 SCI 和 SSCI 数据库作为数据来源、以"non point source＊" or "nonpoint source＊" or "non point pollut＊" or "nonpoint pollut＊" or "diffused pollut＊" or "surface source＊ pollut＊"(即"面源"和"面源污染",主要包括 non point sourse,nonpoint source,non－point source,non point pollution,diffused pollution 和 surface source pollution 等)作为主题检索 1900—2011 年所有面源污染研究领域的文献。

来源于"England"、"Scotland"、"Northern Ireland"和"Wales"的文献被归类为来源于"United Kingdom (UK)";来源于"Hong Kong"和"Taiwan"的所有文献被归类为"China"(Zhuang et al,2012)。文献合作类型根据作者地址信息来确定,当文献的作者来自同一个国家,则该文献被定义为"独立文献"(single－country publications,SCPs);当文献的作者来自两个或两个以上的国家时,则该文献被定义为"合作文献"(internationally－collaborative publications,ICPs)。

按照上述检索策略,所有与面源相关的文献被检索。本研究主要从文章产量特征、地理分布及国际合作、热点分析 3 个方面来揭示全球面源污染研究趋势。

(1)文章产量特征

在 SCI 和 SSCI 数据库中,第一篇与面源相关的文献发表于 1973 年(Yu et al,1973),

1973—2011 年与面源污染相关的文献共 3 794 篇,面源相关文献逐年成长趋势见图 1—1。由图 1.1 可知,面源污染研究主要分为两个发展阶段:阶段 I(1973—1990 年),面源污染研究缓慢发展阶段;阶段 II(1991—2011 年),为面源污染研究快速发展时期,文献数由 1991 年的 60 篇增加到 2011 年的 294 篇。

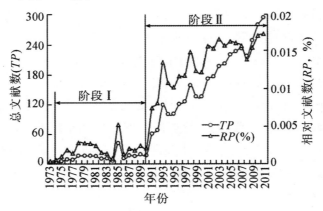

图 1—1 面源相关文献 1973—2011 年成长趋势图

面源污染相关文献与"SCI 和 SSCI 数据库中总文献数"呈显著正相关($y = 3654.2x + 579399$, $r^2 = 0.9531$, $p < 0.0001$),因此,面源污染相关文献的增长往往被归因于 SCI 和 SSCI 数据库总文献数的增长。本研究设置了"相对文献数(RP)",表达式见式(1.1)。

$$RP = \frac{每年面源污染相关文献数}{每年 SCI 和 SSCI 数据库中总文献数} \times 100 \tag{1.1}$$

由图 1—1 可知,RP 也呈逐年增长趋势,结果更为清晰地表明面源污染作为一个研究热点已逐渐引起学术界广泛关注。

(2)地理分布及国际合作

所有文献中共 3 749 篇包含了作者地址信息。运用 CiteSpace 软件绘制了作者全球地理分布图(Chen,2006),见图 1—2。由图 1—2 可知:面源污染研究作者分布的主要空间簇

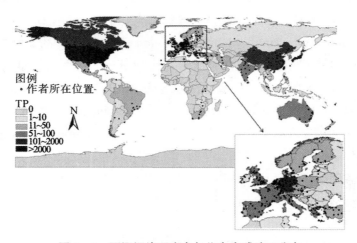

图 1—2 面源污染研究参与作者全球地理分布

是北美、西欧和东亚区域。作者分布越密集表明该区域发表的面源污染文献越多。美国在面源污染研究方面做了大量基础性工作,开发了一系列面源污染模型,其作者遍及全国。欧洲国家作者分布较为密集,是面源污染研究的主要区域之一。此外,中国中部和东部的作者分布也较密集,是亚洲参与面源污染研究的主要国家之一。

基于作者的地址信息进一步分析得出,参与面源污染研究的国家共 89 个,总文献数排名前 20 的国家和地区见表 1—1。前 20 个国家和地区中,来自北美洲的 2 个国家共发表文献 2 652 篇,来自欧洲的 10 个国家共发表文献 610 篇,来自亚洲的 5 个国家和地区共发表文献 574 篇,来自大洋洲的 2 个国家共发表文献 115 篇,来自南美洲的 1 个国家发表文献 39 篇,统计结果与地理分布显示结果一致。美国发表文献数占总文献数的 65.32%,排名第一,单篇文献的平均引用次数为 20.59,结果表明美国是面源污染研究领域综合实力最强的国家。除美国外,面源污染研究文献超过或达到 100 篇的国家还包括中国、加拿大、德国、日本和韩国,文献数分别是 242、203、109、107 篇和 100 篇,表明上述国家在面源污染研究领域也具有较高的研究水平。

表 1—1 前 20 个主要国家和地区列表

	国家	TP(R)	TP(%)	TC	TC/TP	SCPs		ICPs	
						SCP	SCP/TP(%)	ICP	ICP/TP(%)
北美洲	美国	2449(1)	65.32	50 413	20.59	2139	87.34	310	12.66
	加拿大	203(3)	5.41	3456	17.02	122	60.1	81	39.90
亚洲	中国	242(2)	6.46	2936	12.13	152	62.81	90	37.19
	日本	107(5)	2.85	1298	12.13	76	71.03	31	28.97
	韩国	100(6)	2.67	631	6.31	65	65	35	35.00
	印度	64(10)	1.71	630	9.84	50	78.13	14	21.88
	中国台湾地区	61(11)	1.63	505	8.28	41	67.21	20	32.79
欧洲	德国	109(4)	2.91	2286	20.97	55	50.46	54	49.54
	英国	93(7)	2.48	2163	23.26	54	58.06	39	41.94
	法国	82(8)	2.19	1232	15.02	49	59.76	33	40.24
	意大利	59(12)	1.57	985	16.69	40	67.8	19	32.20
	西班牙	58(13)	1.55	924	15.93	28	48.28	30	51.72
	荷兰	53(14)	1.41	2709	51.11	23	43.4	30	56.60
	希腊	52(15)	1.39	761	14.63	35	67.31	17	32.69
	瑞典	47(16)	1.25	1490	31.70	26	55.32	21	44.68
	丹麦	31(19)	0.83	825	26.61	15	48.39	16	51.61
	比利时	26(20)	0.69	1116	42.92	9	34.62	17	65.38
大洋洲	澳大利亚	74(9)	1.97	1755	23.72	44	59.46	30	40.54
	新西兰	41(17)	1.09	571	13.93	16	39.02	25	60.98
南美洲	巴西	39(18)	1.04	410	10.51	28	71.79	11	28.21

注:TP(R)为总文献数及其排名;TC 为总引用次数;SCP 为独立完成文献数;ICP 为国际合作完成文献数。

在国家层次,独立文献数为 3 235 篇,占总文献数的 86.29%;国际合作文献数为 514 篇,占总文献数的 13.71%,结果表明目前面源污染以独立研究为主,独立文献和合作文献逐年成长趋势见图 1—3。由图 1—3 可知,虽然独立文献数和合作文献数均呈逐年增长趋势,但独立文献比例由 1973 年的 100% 降低至 2011 年的 78.91%,与此相反,合作文献比例由 1973 年的 0% 增长至 2011 年的 21.09%,结果表明面源污染研究的国际合作趋势正日益增强。

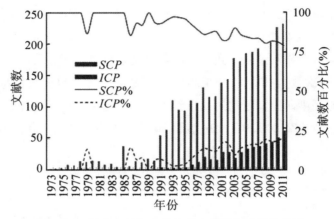

图 1—3　独立文献和合作完成文献逐年成长趋势图

常用的网络分析方法包括共引分析(Co—citation analysis)、共词分析(Co—word analysis)和共作者分析(Co—author analysis)等(Lai et al,2005;Schmoch et al,2008)。共国家分析(Co—country analysis)被用于研究不同国家之间的合作关系,分析过程在 UCINET6 软件中完成(Zhuang et al,2012),前 20 个国家的合作关系网见图 1—4。图 1—4 中节点大小表示国家合作文献数量,连线的粗细表示两个国家间的合作强度。根据节点大小可知,美国、加拿大和中国发表的国际合作文献数相对较多;根据连线的粗细可知,美国在国际合作网络中占有核心位置,与加拿大、中国和韩国等国家在面源污染研究领域的合作较为紧密。除美国外,加拿大和荷兰是中国另外两个主要合作国家。

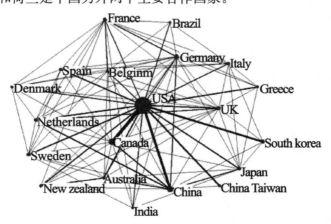

图 1—4　排名前 20 个国家和地区的合作关系网

（3）研究热点

作者关键词（author keywords）能提供某一研究领域发展趋势的重要信息。本研究选择作者关键词作为分析对象，并将意义相近的关键词进行合并，如"GIS"、"geographic information system"、"nonpoint source pollution"、"nonpoint pollution"、"mode"、"models"等，根据不同时间段的高频关键词来分析面源污染研究趋势及其热点。由于 SCI 和 SSCI 数据库从 1990 年以后开始设置关键词，因此，本研究将 1990—2011 年分为 1990—1997 年、1998—2004 年和 2005—2011 年共 3 个时间段对关键词进行统计。作者关键词按出现频数从大到小排序，排名前 50 个高频关键词见表 1—2。

表 1—2　前 50 个高频关键词出现频次及排名

作者关键词	$TP(R)$	1900—1997, $P(R)$	1998—2004, $P(R)$	2005—2011, $P(R)$
non—point source pollution	958(1)	166(1)	350(1)	442(1)
water quality	544(2)	85(2)	210(2)	249(2)
phosphorus ↑	214(3)	35(4)	74(4)	105(3)
non—point source	202(4)	40(3)	69(5)	93(5)
BMPs ↑	163(5)	19(9)	42(12)	102(4)
nitrogen	162(6)	25(6)	66(7)	71(7)
watershed management	160(7)	16(11)	78(3)	66(10)
GIS	154(8)	28(5)	67(6)	59(13)
nutrients	151(9)	17(10)	41(13)	93(5)
eutrophication	139(10)	21(8)	56(8)	62(11)
modeling	129(11)	25(6)	46(10)	58(14)
sediment ↑	124(12)	15(13)	41(13)	68(8)
watershed	122(13)	12(16)	48(9)	62(11)
runoff	116(14)	12(16)	46(10)	58(14)
agriculture	99(15)	16(11)	36(15)	47(17)
nitrate	94(16)	14(14)	31(17)	49(16)
SWAT ↑	78(17)	0(1186)	10(39)	68(8)
pesticides	67(18)	10(21)	34(16)	23(25)
groundwater	66(19)	11(18)	27(18)	28(22)
land use	66(20)	11(18)	19(20)	36(19)
TMDL ↑	63(21)	1(205)	16(22)	46(18)
erosion	58(22)	13(15)	27(18)	18(33)
simulation	51(23)	8(25)	14(25)	29(20)
pollution	47(24)	10(21)	14(25)	23(25)
hydrology ↑	45(25)	7(31)	14(25)	24(24)
model	45(26)	7(31)	16(22)	22(27)

作者关键词	TP(R)	1900—1997,P(R)	1998—2004,P(R)	2005—2011,P(R)
watershed modeling ↑	43(27)	3(63)	11(32)	29(20)
author keywords	TP(R)	1900—1997,P(R)	1998—2004,P(R)	2005—2011,P(R)
monitoring	42(28)	4(49)	13(29)	25(23)
surface runoff	40(29)	3(63)	16(22)	21(28)
diffuse pollution	39(30)	11(18)	8(53)	20(30)
water pollution	35(31)	6(35)	10(39)	19(32)
RS	33(32)	7(31)	5(93)	21(28)
stormwater management	33(33)	8(25)	8(53)	17(34)
uncertainty	32(34)	2(103)	13(29)	17(34)
wetlands	31(35)	8(25)	12(31)	11(55)
soil erosion	30(36)	2(103)	14(25)	14(44)
urban runoff ↑	30(37)	4(49)	11(32)	15(41)
heavy metals	29(38)	3(63)	11(32)	15(41)
surface water	29(39)	7(31)	10(39)	12(49)
urbanization	28(40)	2(103)	6(75)	20(30)
agricultural runoff ↑	27(41)	4(49)	9(45)	14(44)
fecal coliform	27(42)	3(63)	10(39)	14(44)
sedimentation	26(43)	5(39)	17(21)	4(184)
optimization ↑	25(44)	1(205)	7(66)	17(34)
stormwater ↑	25(45)	2(103)	7(66)	16(37)
sediment yield	24(46)	5(39)	11(32)	8(84)
irrigation	23(47)	3(63)	9(45)	11(55)
atrazine	22(48)	4(49)	11(32)	7(100)
hydrologic modeling	22(49)	1(205)	9(45)	12(49)
denitrification	21(50)	1(205)	9(45)	11(55)

注：$TP(R)$，总文献数或总出现频次（排名）；$P(R)$，某一时间段内的文献数或出现频次（排名）；↑，3个时间段排名呈上升趋势。

由表1—2可知，除了主题关键词面源污染（non—point source pollution）和面源（non—point source）外，出现频次最多的关键词是水质（water quality），在1990—2011年间持续排名第二，总出现频次是544，占总文献数的14.34%。点源和面源共同导致水质污染（Yen et al,2012），其中，面源污染是水质恶化的主要因素（Li et al,2011）。"eutrophication"总出现频次是139，占总排名第10名。面源污染导致众多水体产生的富营养化已成为严重的污染问题,富营养化也成为面源污染的主要研究方向之一。

从面源污染研究指标看,磷(phosphorus,P)、氮(nitrogen,N)、营养盐(nutrients)、沉积物(sediment)、硝酸盐(nitrate)、农药(pesticides)、重金属(heavy metals)和粪便大肠杆菌(fecal coliform)等是面源污染研究中关注的主要污染物,总出现频次分别是 214、162、151、124、94、67、29、27。"phosphorus"、"nitrogen"、"nutrients"总排名分别是第 3、6、9 名,氮和磷作为主要营养物质是面源污染的主要研究指标,因此本研究选择总氮(total nitrogen,TN)和总磷(total phosphorus,TP)作为分析因子。农药是农业面源的主要污染物,人畜粪便任意排放导致粪便大肠杆菌对水质的危害不容忽视,重金属是城市面源中的主要污染物。此外,"phosphorus"和"sediment"出现频次的排名在过去 20 年呈上升趋势,其中,"phosphorus"由 1990—1997 年的第 4 名上升至 2005—2011 年的第 3 名;"sediment"由 1990—1997 年的第 13 名上升至 2005—2011 年的第 8 名,表明这两种污染物的研究引起更多的关注。

从面源污染研究方法看,地理信息系统(GIS)、建模(modeling)、模拟(simulation)、监测(monitoring)和遥感(remote sensing)为面源污染的主要研究方法和手段。"GIS"和"RS"总排名分别是第 8 名和第 32 名。GIS 作为一个平台开发了一系列功能强大的面源模型,GIS技术和面源污染模型耦合被广泛用于模拟面源污染负荷的时间和空间变化(Zhang et al,2011)。遥感提供大量不同尺度下的地形、土壤植被和水质等资料,为面源污染研究提供了大量基础数据。此外,其他的一些方法,"modeling"、"watershed modeling"、"monitoring"、"hydrologic modeling"也是面源污染研究的主要方法和手段。面源污染负荷主要基于不同的面源污染模型进行模拟,环境监测为面源污染负荷模拟提供污染物浓度、降雨量和水文水质等数据。值得一提的是,作为常用的模型,"Soil and Water Assessment Tool(SWAT)"在1991—1997 年、1998—2004 年和 2005—2011 年的排名分别是第 1186、39 和 8 名,排名呈显著增长,结果表明 SWAT 模型得到越来越多地应用。SWAT 广泛用于流域水质和面源污染评估。

从面源污染控制和管理措施看,最佳管理措施(Best Management Practices,BMPs)、流域管理(watershed management)、最大日负荷总量(Total Maximum Daily Loads,TMDL)、暴雨管理(stormwater management)、最优化(optimization)和湿地(wetlands)是目前面源污染治理的主要研究方向,其总出现频次排名分别是第 5、7、21、33 和 44 名。"BMPs"的出现频次由 1990—1997 年的第 9 名上升至 2005—2011 年的第 4 名,成为最主要的面源污染控制措施。"TMDL"在 1991—1997 年、1998—2004 年和 2005—2011 年的排名分别是第 205、22 和 18 名,排名也呈增长趋势。TMDL 主要与污染控制措施相结合,用于引导流域或区域执行最优污染控制计划(Sample et al,2012)。目前,BMPs 在面源污染治理方面的应用越来越多,流域管理和暴雨管理是面源污染治理的主要方式之一。

从面源污染影响因素看,径流(runoff)、农业(agriculture)、土地利用(land use)、污染(pollution)、城市化(urbanization)和暴雨(stormwater)等关键词的总频次和排名分别是第

14、15、20、24、40 和 45 名。由暴雨形成地表径流(surface runoff)是面源污染物的主要载体,其中农业径流和城市径流分别是农业面源和城市面源污染物的主要载体。"land use"在过去 20 年间排名一直保持在第 20 名左右,"urbanization"从 1990—1997 年的第 103 名上升至 2005—2011 年的第 30 名。城市化引起的土地利用在短时间内的急速变化和自然景观转变人为地改变了下垫面的性质,城市化扩张成为面源污染的主要驱动因素之一(Xian et al, 2007)。

1.2.2　面源污染模型研究进展

1.2.2.1　国外面源污染模型研究

面源污染模型经历了从定性到定量,从经验模型、机理模型到功能模型,从集总式模型到分布式模型,从小尺度到大中尺度,从与 GIS 松散集成到紧密耦合的发展阶段。

结合文献计量分析结果,将国外面源污染模型研究进展大致分为 3 个阶段:

①萌芽期(20 世纪 60—70 年代初)

早期的面源污染模型定量化研究很少,主要是通过统计和因果分析来建立面源污染经验模型。经验模型对数据要求少,但对于污染物迁移转化及时空分布的描述有限,主要代表模型如 SHE(Systeme Hydrologique Europeen)(Abbott et al, 1986)、HSP(Hydrocomp Simulation Program)(Fleming et al, 1971)和 PTR(Pesticide Transport and Runoff Dummy)等模型。1971 年由 USEPA 推出的城市暴雨预测和管理模型 SWMM(Storm Water Management Model)及 1973 年美国陆军工程兵团工程水文中心(HEC)推出的城市暴雨径流模型 STORM(Storage, Treatment, Overflow Runoff Model)等是最早的城市暴雨径流模型。

作为面源污染模型研究基础,这一时期水文模型和土壤侵蚀模型研究也取得了一定进展,主要水文模型包括 SCS 方程、Stanford 模型、Horton 入渗方程和 Green－Ampt 入渗方程等;土壤侵蚀代表模型是 1965 年由美国水土保持局研发的通用土壤侵蚀方程 USLE(Universal Soil Loss Equation)。

②发展期(20 世纪 70 年代中期—80 年代末)

这一时期面源污染模型研究取得较大进展,主要进步表现为由经验模型发展为机理模型、由单场暴雨或长期平均负荷分析发展为连续时间响应分析,主要模型包括 ARM(Agricultural Runoff Management)(Donigian, 1977)、NPS(Non Point Source)(Donigian, 1976)、ECM(Export Coefficient Model)(Johnes, 1996)、ACTMO(Agricultural Chemical Fransport Model)(Frere et al, 1975)、LANDRUN(Novotny, 1979)、HSPF(Hydrologic Simulation Program－Fortran)(Johanson et al, 1980)、ANSWERS(Areal Nonpoint Source Watershed Environment Response Simulation)(Beasley et al, 1980)、SWRRB(Simulator for Water Resource in Rural Basins)(Arnold et al, 1990)、CREAMS(Chemicals, Runoff, and Erosion from Agricultural Management System, CREAMS)(Knisel, 1980)、GLEAMS(Groundwater

Loading Effects on Agricultural Management Systems)(Leonard et al,1986)、AGNPS(Agricultural Nonpoint Source)(Young et al,1989)、EPIC(Erosion Productivity Impact Calculator)(Putman et al,1988)、DR3M－QUAL(Distributed Routing Rainfall－Runoff Model)、P8－UCM(P8－Urban Catchment Model)(Palmstrom et al,1990)、MOUSE(Model for Urban Sewers)和 SLAMM(Source Loading and Management Model)等模型,这些模型大多以水文模型为基础,对计算机和数据的要求很高。其中,由美国农业部农业研究所(USDA ARS)开发的 CREAMS 模型首次对水文、土壤侵蚀和污染物迁移等过程进行了综合模拟,在面源污染模型研究过程中具有"里程碑式"的意义(秦福来,2006);HSPF、DR3M－QUAL、P8－UCM 和 MOUSE 等模型较好地模拟城市降雨过程中径流产生及污染物迁移和转化等过程。

水文模型主要有美国的 Sacrmento 模型、日本的 Tank 模型、TOPMODEL 模型、SWAM 模型、IHDM 模型等;1985 年美国农业部推出了新一代水蚀预报模型 WEPP(Water Erosion Prediction Project,WEPP)(Elliot et al,1997),该模型建立在土壤侵蚀机理研究的基础上,拟取代已有的 USLE 模型,适用于不同点位或区域(张玉斌等,2004)。

20 世纪 80 年代,面源污染模型研究重点为把已有的模型应用到面源污染控制、管理及经济效益分析中。面源污染研究开始使用 GIS 方法,代表性的模型如 CREAMS、ANSWERS 和 WEPP 等,但此时 GIS 只是作为数据输入输出工具和显示工具,属于 GIS 与面源污染模型的松散耦合阶段。

③完善期(20 世纪 90 年代以后)

计算机技术、卫星遥感技术(RS)、地理信息技术(GIS)和全球定位技术(GPS)为面源污染模型发展提供了全新的手段,面源污染模型与 3S 技术的紧密耦合成为研究主流,主要模型包括 SWAT(Soil Water and Assessment Tool,SWAT)(Arnold et al,1994)、PRZM(Pesticide Root Zone Model,PRZM)(Carsel et al,1985)、GWLF(Generalized Watershed Loading Functions)、CNPS(Cornell Non－Point Source Simulation Model,CNRS)(Dikshit et al,1996)、BASINS(Batter Assessment Science Integrating Point and Nonpoint Souces,BASINS)(Battin et al,1998)、L－THIA(Long Term Hydrologic Impacts Assessment,L－THIA)(Badhuri et al,1997)、AnnAGNPS(Annualized Agricultural Nonpoint Source,AnnAGNPS)(Yuan et al,2001)、WARMF(Watershed Analysis Risk Management Framework,WARMF)(Chen et al,1998)、InfoWorks CS(Aryal et al,2005)、HydroWorks(Masse et al,2001)、SPARROW(Spatially Referenced Regressions On Watershed Attributes,SPARROW)(Hoos et al,2009)等,其中超大型流域模型如 SWAT、BASINS 和 AnnAGNPS 等集 GIS、集空间信息处理、数据库技术和可视化表达等功能于一体。与 GIS 的紧密耦合使模型模拟效果得到很大改进,大大促进了面源污染模型研究的发展。

计算机技术推动了分布式水文模型的快速发展,但尺度、非线性和不确定性等问题在一定程度上制约了水文模型的发展(Beven,2001);代表性的土壤侵蚀模型主要是修正的土壤侵蚀方程 RUSLE(Revised Universal Soil Loss Equation, RISLE)(Renard et al,1991),以及欧洲的 EUROSEM(Morgan et al,1998)和 LISEM 模型(De Roo,1994)等。

这一时期,很多早期的模型得到进一步修正和完善,如由 USLE 发展而来的 RULSE 的数据处理能力得到很大改善;由 SHE 发展而来的分布式水文系统模型 MIKE SHE,实现了与 GIS 的完全耦合;由 ANSWERS 发展而来的 ANSWERS2000 以网格划分流域;基于 CREAMS 和 GLEAMS 模型推出的 CREAMS/GLEAMS 流域版模型,能模拟土壤中营养元素的微循环和作物生长等过程;此外,还有由 HSPF 发展而来的 WINHSPF(Duda et al,2001)和在 AGNPS 基础上改进的 TOPAGNPS 等。

国外主要面源污染模型特征及对比见表1—3。

表1—3　常见的面源污染模型对比

模型	开发时间	污染源	参数形式	事件类型	空间尺度	时间步长	备注
SCS	1954	A/U	—	√	流域	d	模型结构简单,参数少,用于模拟径流量
USLE	1965	A	L	√	坡地	a	模拟土壤侵蚀量及其附着的 N、P 营养物
ECM	1976	A/U	SD	√	流域	a	模型简单,具有广泛适用性,用于模拟大尺度流域面源污染负荷
SHE	1969	A	D	√/—	流域	—	采用有限元方法模拟地表水和地下水运动过程
PTR	1971	A	L	—	流域	h	模拟径流和农药输移
SWMM	1971	U	L	√/—	城市	d/h	完整模拟城市降雨径流,对污染物生化反应及管道泥沙迁移的模拟较差
STORM	1973	U	L	—	城市	h	不能模拟泥沙移动和污染物迁移转化
ACTMO	1975	A	L	—	流域		模拟农药化肥的迁移
ARM	1978	A	L	√	流域	d	水文和泥沙分别采用 Stanford 模型和 Negev 方程
CREAMS	1980	A	L	√/—	流域	min/s	模型参数单一,只能用于粗略计算和预测流域范围为 40~400hm² ,广泛适用于农田污染物估算和单独的暴雨过程中径流计算
HSPF	1981	A/U	L	√/—	流域/城市	h/min/s	大尺度水文模型,广泛用于水文水质分析及农业面源最佳管理措施分析
ANSWERS	1981	A	D	√/—	流域	min/s	主要用于模拟流域管理措施或 BMPs 措施对径流和泥沙的影响,模拟 N、P 负荷
DR3M—QUAL	1982	U	D	—	城市	min	主要用于小型城市区域水质水量模拟,模拟污染物包括 N、P、TSS 和重金属等
MIKE SHE	1982	A	D	√/—	流域	d/h	模拟陆地全部水循环过程,包括地表水和地下水

模型	开发时间	污染源	参数形式	事件类型	空间尺度	时间步长	备注
EPIC	1983	A	L	√	流域	d	估算土壤侵蚀对农作物产量的影响流域大小约 1hm²
PRZM	1984	A	D	√	流域	—	模拟非饱和区和植物根部以下地区的化学径流仅能模拟农药和有机污染物
MOUSE	1984	U	D	√/—	城市	—	基础数据获取难,参数率定复杂,不确定性较大
SWRRB	1984	A	D	√	流域	d	主要用于判断耕作方式和农药化肥管理等管理因子对面源污染的影响
SLAMM	1985	U	D	—	污水区	——	可模拟控制措施效果、进行参数不确定性分析,不能模拟污染物在管道和沟渠中的迁移过程
WEPP	1985	A	D	√	坡地/流域	d	新一代土壤侵蚀预测模型,适用于小的、地形简单的流域
GLEAMS	1986	A	L	√	流域	d/h	模拟农业活动对地下水的影响、模拟农田 N、P 循环
AGNPS	1986	A	D	√/—	流域	min/s	可模拟土壤侵蚀及其对水质的影响;模拟过程需输入大量参数,模拟 N、P
P8—UCM	—	U		√/—	城市	—	模型相对简单,主要用于小城市集水区径流污染物迁移过程
ROTO	1990	A	D	√	流域	d	用于模拟水库和河流的水文和泥沙
RUSLE	1992	A	L	√	坡地	a	广泛用于模拟土壤侵蚀
L—THIA	1994	A/U	D	√	流域	a	模拟年均径流量和面源污染负荷,很好地指导流域规划和管理
SWAT	1996	A	D	√	流域	d	适合于大中尺度流域
CNPS	1996	A	D	√	流域	d	基于污染物平衡原理估算 N、P 负荷
SPARROW	1997	A/U	D	√	流域	d/h	主要用于大中尺度流域水质模拟
HydroWorks	1997	U	D	√/—	城市	——	基础数据获取难,参数率定复杂,不确定性较大
BASINS	1998	A/U	D	√	流域	d/h	大型功能模型
AnnAGNPS	1998	A	D	√	流域	d/h	按集水区划分单元,用于模拟地表径流、泥沙侵蚀和 N、P 负荷流失,模拟长期影响
WARFM	1998	A	D	√	流域	d	模拟农药、化肥引起的面源污染为流域管理提供决策支持

续表

模型	开发时间	污染源	参数形式	事件类型	空间尺度	时间步长	备注
PLOAD	2001	A	D	√	流域	m	主要用于估算 N、P 和 BOD 等污染负荷的统计模型
GWLF	—	A/U	SD	√/—	流域城市	d	模型结构简单,以土地利用为基础,参数易于获取,主要模拟 N、P,不能模拟 COD

注:A 为农业面源,U 为城市面源;L 为集总式模型(lumped type),D 为分布式模型(distributed),SD 为半分布式模型(semi—distributed);√ 为连续,— 为暴雨事件;a,m,d,h,min,s 分别为年、月、日、小时、分和秒。

1.2.2.2 国内面源污染模型研究

国内面源污染研究起步相对较晚、发展相对缓慢(程炯等,2006),面源污染模型研究简单分为两个阶段:

①初期(20 世纪 60—80 年代)

20 世纪 60 年代,中国开始开展降雨径流和土壤侵蚀研究(夏军等,2012);80 年代以来,随着面源污染的日益严重,逐渐开始研究适合区域特征的面源污染模型。这一时期的模型以简单的经验模型为主,且主要借鉴国外已有的模型;研究尺度较小,主要针对城市区域和小流域。

②发展期(20 世纪 90 年代以后)

20 世纪 90 年代以来,中国面源污染研究进入活跃期,国外成熟的大型模型被越来越多地应用到面源污染研究中来,如牛志明等采用 ANSWERS2000 成功模拟三峡库区土壤侵蚀过程(牛志明等,2001);王飞儿等应用 AnnAGNPS 模型对千岛湖流域农业面源污染物负荷时空分布进行了预测(王飞儿等,2003);邢可霞等将 HSPF 模型用于滇池流域面源污染模拟(邢可霞等,2004);张东升等运用 GLEAMS 模型模拟南京城乡接合部蔬菜地的施肥量对 N、P 的影响,并用于评估农田管理措施的有效性(张东升等,2008);秦耀民等基于 GIS 与 SWAT 模型模拟黑河流域面源污染(秦耀民等,2009);解智强等将 InfoWorks CS 模型用于分析城市地下管网的承载能力,为城市规划管理决策提供依据(解智强等,2011);马晓宇等应用 SWMM 模型模拟城市居住区面源污染负荷(马晓宇等,2012)等。

此外,3S 技术被逐渐运用于面源污染模型研究和应用中,如 GIS 技术与 USLE 模型结合用于模拟土壤侵蚀(蔡崇法等,2000;赵琰鑫,2007);董亮等基于 GIS 技术模拟西湖流域面源污染(董亮,2001);王少平等基于 GIS 技术建立的面源污染数据库来估算水环境容量(王少平等,2002);黄金良等运用 ARC/INFO 的 GRID 模块对参数进行栅格化,进一步模拟 N、P 负荷空间分布(黄金良等,2004)。

由于中国范围广、空间变异性大,适合区域特征的面源污染模型的自主研发成为这一时期模型研究的又一特点,其中,新安江模型是由河海大学开发的、具有世界影响力的水文模型。国内主要的面源污染模型见表 1—4。

表 1—4　国内主要面源污染模型

模型	备注
新安江模型	分布式水文模型,可用于湿润地区与半湿润地区的湿润季节(王佩兰,1982)
苏州暴雨径流污染概念模型	模拟苏州城内暴雨径流导致的面源污染(温灼如等,1986)
农田区域径流—污染负荷经验模型	基于统计分析技术构建经验模型,用于估算暴雨径流过程的径流量和污染物输出量(朱萱等,1985)
单元坡面模型	以坡面为单元划分流域,基于污染物负荷与径流量的关系模拟面源污染过程(王昕皓,1985)
面源污染负荷流域模型	适用于湿润和半湿润地区(夏青等,1985)
城市径流非点源污染运动波模型	成功用于成都市降雨径流污染计算(贺锡泉,1990)
南京城北地区的暴雨径流污染概念模型	模拟城区面源污染负荷(刘曼蓉等,1990)
各次降雨冲刷污染物预测方程	成功用于估算涪陵地区农田污染物流失量(陈西平等,1991)
逆高斯分布瞬时输沙单位线模型	流域汇沙模型(李怀恩等,1994)
黑箱模型	建立东湖农业区域污染物与径流相关方程,模拟 TN、TP 和 COM 负荷(章北平,1996)
污染物输出经验模型	模拟流域径流、土壤侵蚀和 N、P 负荷,成功用于东湖流域和汉江中下游农业面源污染研究(章北平,1996;史志华等,2002)
黄土高原土壤侵蚀模型	以最小沟谷单元为基本单元,分别处理坡面侵蚀和沟谷侵蚀,定量估算黄土高原的土壤侵蚀(吴礼福,1996)
降雨—径流—污染负荷输出统计模型	分析杨子坑小流域 N、P 负荷随降雨径流的动态变化(李定强等,1998)
平均浓度法	简便易用,适用于监测资料少的情况(李怀恩,2000)
网络土壤侵蚀模型	将 GIS 与 USLE 结合,根据 DEM 估算土壤侵蚀量(刘海涛等,2001)
苏州河流流域面源管理信息系统	用于面源污染负荷模拟、总量控制和污染评价(王少平等,2004)
改进的输出系数模型	在考虑降雨因素和污染物迁移损失的基础上,确定降雨影响系数和流域损失系数,用于估算渭河流域负荷(蔡明等,2004)
IMPULSE(事件驱动型分布式参数非点源模型)	在 AGNPS 基础上开发的面源污染模型,污染物被分为溶解态和吸附态(石峰等,2005)

续表

模型	备注
降雨量差值法	通过降雨量差值与污染负荷差值间的相关关系估算流域面源污染负荷(蔡明等,2005)
保守性物质非点源污染量化模型	适合大中尺度流域,成功用于山东省小清河流域面源污染负荷估算(惠二青等,2005)
岩溶(刁江)流域分布式水文模型	改进的 SWAT 模型,成功用于刁江流域岩溶峰丛洼地系统降雨径流模拟(任启伟,2006)
城市面源污染负荷与预测模型	分布式城市面源污染模型,已成功用于模拟汉阳地区暴雨径流中城市面源污染变化(叶闽等,2006)
二元结构溶解态污染负荷估算模型	用于大区域尺度面源污染负荷估算(郝芳华等,2006)
蓄满—超渗混合产流模型	成功用于香溪河流域 N、P 负荷变化规律研究(张超,2008)
非点源污染负荷自记忆预测模型	尝试将自记忆原理引入面源污染负荷预测研究中,用于渭河流域面源污染负荷模拟,预测效果良好(李家科等,2009)
非点源污染负荷多变量灰色神经网络预测模型	对资料要求较少,模拟精度较高(李家科等,2011)

1.2.3 面源污染控制措施研究进展

1.2.3.1 BMPs 体系

国外面源污染控制和管理始于 20 世纪 70 年代末,发展于 20 世纪 80 年代,20 世纪 90 年代后日趋成熟,最典型的是 1972 年由美国联邦水污染控制法(FWPCA)提出的最优管理措施(Best Management Practices,BMPs)(Zhuang et al,2016)。USEPA 定义 BMPs 是"任何能够减少或预防水资源污染的方法、措施或操作程序,包括工程和非工程措施的操作和维护程序"(Lee et al,2002)。20 世纪 70 年代,英、美等国开始推行 BMPs 管理方式,在农业面源污染控制方面美国取得了很多成功经验,并制定了一系列适合区域污染实际特征的 BMPs 体系(McKissock et al,1999)。随后,BMPs 在欧洲国家得到广泛应用。国内外相关研究(方志发等,2009;McKissock et al,1999;Schreiber et al,2001;Cestti et al,2003)表明,BMPs 可以分别从源头、过程和末端治理中有效控制面源污染(方志发等,2009;Schreiber et al,2001)。目前,国外对城市面源污染管理措施进行了大量研究(Massone et al,1998),暴雨源头控制措施在欧美国家受到广泛重视(Massone et al,1998;万金保等,2008)。

中国的流域管理已基本实现了对点源污染的控制,面源污染控制尚处于起步阶段(章茹,2008)。国内在 BMPs 研究和应用方面还较为薄弱(吴建强等,2011),植被过滤带和人工湿地等水土保持方法作为单个 BMP 在面源污染控制方面得到了较广泛的应用,但是尚未形成 BMPs 系统(陈洪波等,2006)。欧美国家实施 BMPs 的成功经验对中国具有重要参考价值,但由于国内地理特点和经济发展水平等与国外存在较大差异,应结合国内实际,建立符合区域特点的 BMPs 体系。

随着 3S 技术和面源污染模型研究的发展,面源污染控制决策支持系统为制定科学的 BMPs 体系提供了有力保障,同时,3S 技术对 BMPs 效果评估及改进起到了重要作用(蒋鸿昆等,2006)。不同环境背景下的面源污染控制 BMPs 体系研究、BMPs 组合方式的优化和 BMPs 控制效果的评估等是今后 BMPs 发展和完善的主要方向。常见的用于面源污染控制的 BMPs 措施见表 1-5。

表 1-5 常见的面源污染控制 BMPs 措施

分类	主要措施
工程措施	生态输水沟渠、人工湿地、滨岸缓冲带、暴雨蓄积池、稳定塘和多水塘系统等
非工程措施	养分管理、耕作管理、景观管理、农药管理、灌溉排水管理、畜禽和水产养殖管理
宏观管理措施	土地利用规划、景观生态规划、农业环保立法、优化环境监测网络、加强环保宣传教育等

1.2.3.2 LID 技术

在 BMPs 发展的基础上,USEPA 进一步推出了低环境影响措施(Low Impact Development,LID)。LID 是采用源头控制理念对雨水进行控制与利用的一种雨水管理方法,多用于城市发展和重建带来的面源污染控制。早在 20 世纪 90 年代,美国马里兰州已开始 LID 的研究;随后,美国、欧洲和日本等地区广泛将 LID 用于新城建设与旧城改造,并开发了很多关于 LID 的模型,如 MUSIC 等(王建龙等,2010)。

目前,国内 LID 技术上处于探索阶段,而且没有相应的技术标准(王红武等,2012)。从建筑节水和水资源利用角度出发,《绿色建筑评价标准》(GB/T 500378—2006)制定了屋面雨水控制标准,可用于建筑的 LID 设计和效益评估中(周晓兵等,2009)。低环境影响整体管理技术体系标准(LID Integrated Managemengt Practices,IMP's)是目前国外用于评估 LID 技术有效性的常用标准,国内可根据实际情况加以借鉴。

主要的 LID 措施见表 1-6。

表 1-6 主要 LID 措施

措施类型	结构	主要用途
绿色屋顶	植被、培养基质、过滤层、排水材料	用于建筑屋顶,滞留和净化屋面雨水径流
渗透性地面	—	用于路桥,削减径流量
下沉式绿地	—	用于高架桥和立交桥桥底
雨水花园	滤带、洼地和溢流设施等	适于居住区、停车场等;滞留雨水,具有景观价值
植草沟	滤带、洼地和溢流设施等	设置于道路两旁,用于道路雨水的收集和输送

1.2.3.3 TMDL 技术

随着水环境污染的日益严重,世界各国纷纷从总量控制角度制定各种改善水质的措施,如 20 世纪 70 年代日本东京湾的流域水污染总量控制计划(高娟等,2005)、美国环保局于 1972 年提出的最大日负荷总量(TMDL)和欧盟莱茵河总量控制管理(王同生,2002)等,其中以美国的 TMDL 最为典型。TMDL 是指在一定水质标准下,水体每天能接受的某种污染物负荷的最大量,用于确定点源和面源污染控制目标(Jordan et al,2011)。经过 20 多年的发展,TMDL 技术已形成一套完整的总量控制方法体系,被广泛用于面源污染治理,成为国际水环境管理技术的发展趋势之一(柯强等,2009)。

在中国,水环境污染总量控制研究始于 20 世纪 70 年代末,早期具有代表性的总量控制措施是松花江流域针对 BOD 制定的总量控制目标;1988 年,国家环保局明确提出污染控制由浓度控制向总量控制转变;至 2005 年,共对 12 种污染物实行了总量控制。近年来,中国逐渐将 TMDL 计划引入水污染控制和管理中。太湖流域的新型总量控制计划与 TMDL 相似,是中国水污染总量控制取得巨大进步的重要标志(李家才,2010)。

目前,TMDL 在面源污染控制方面的应用主要体现在两个方面:首先,TMDL 技术通过估算和分配污染物负荷为制定 BMPs 措施和评估 BMPs 实施效果提供参考依据;其次,TMDL 与模型结合,通过提高污染负荷模拟准确性来降低污染负荷预测的不确定性,TMDL 技术中应用较多的模型如 SWAT、HSPF、BASINS 和 AnnAGNPS 等。TMDL 技术较为成功的应用实例如 Richards 等应用 BMPs 实现 TMDL 技术制定的流域磷削减计划,并通过制定 SWAT 模型模拟 BMPs 实施效果(Richards et al,2008);Ning 等基于 3S 技术和 GWLF 模型模拟来评估 BMPs 措施对 TN、TP 负荷 TMDL 计划的削减效果(Ning et al,2002);Yuan 等基于 AnnAGNPS 模型模拟池塘/龙虾养殖污水污染(Yuan et al,2007);王彩艳等将 TMDL 技术用于东湖水污染控制(王彩艳等,2009)等。

1.2.4 面源污染研究现存的不足

通过对国内外面源污染研究现状进行分析,现有面源污染研究存在以下不足:

(1)快速城市化背景下的面源污染负荷估算问题

现有面源污染研究主要模拟单一的农业面源或城市面源。用现有面源污染模型估算城乡交错带的复杂面源污染负荷将导致较大误差。此外,现有面源污染负荷估算主要基于已有的经验公式或机理模型进行面源污染负荷时空变化模拟,输入参数包括气象、土壤、地形、植被、土地利用类型等,其中气象、植被数据更新较为便利,土壤和地形数据时空变化相对较小;相对而言,土地利用、下垫面及管网、沟渠、涵闸等人为影响因子在快速城市化背景下年际和年内改变均较大,且数据获取较为困难。一旦研究区域环境发生改变,需要快速调整相关参数,否则面源污染负荷估算将产生较大误差。

(2)面源污染监测数据缺乏

由于降雨发生的不确定性及受野外监测环境及在线监测技术限制,中国面源污染研究普遍缺乏长期的基础性监测和调查,基础数据不完善制约了国内流域面源污染负荷的估算研究(张智奎,2009;黄永刚等,2012)。《国家环境保护"十二五"科技发展规划》中明确提出要"研发农业面源污染监测与评价技术"。基础数据的缺乏导致无法对面源污染负荷的计算结果进行有效验证。

(3)面源污染模拟结果精度验证问题

面源污染精度验证直接决定面源污染模拟结果是否准确、可参考。现有面源污染负荷精度验证方法主要有如下两种:①流域总负荷模拟值与已有统计值或估算值进行对比验证,大多数经验模型验证或缺乏实测值时通常采取该方式;②依托已有站点在流域出口和代表性子流域出口的监测值,对径流量、泥沙和污染物浓度的模拟结果进行率定和验证,如SWAT、HSPF 模型的精度验证。方式①往往无法验证模拟结果在空间分布和时间变化上的准确性;由于面源污染的时空异质性及多点、长时序监测数据的缺乏,方式②可能导致污染负荷模拟在流域尺度看似准确、但局部空间分布精度无法明确。在面源污染模型不断优化的前提下,如何制定合理的精度验证方式是有待解决的问题。

(4)面源污染控制措施的针对性及高效性问题

面源污染普遍具有来源广泛性、潜伏性及发生不确定性等特点,直接导致面源污染治理困难。目前,国内外关于面源污染控制的工程措施已较为成熟,但是面源污染形式仍然较为严峻。在中国,面源污染防控主要采取以流域或区域(如滇池流域、太湖流域等)为单元的治理方式,并逐渐开始以行政区域(如县域)为单元的治理,且多采用"源头—过程—末端"全过程防控方式,在部分流域的面源污染控制中取得一定效果。但是,由于针对面源污染发生的关键影响因素、关键过程、关键源区和关键时期等分析与考虑不足,导致制定的面源污染控制措施往往缺乏针对性,继而导致面源污染控制效果有限。

1.3　相关建模技术研究进展

相关建模技术为复杂面源污染负荷的模拟提供了技术保证。

1.3.1　3S 技术研究进展

计算机技术、卫星遥感技术、地理信息系统和全球定位技术的发展为面源污染研究提供了新的手段(郑一等,2002)。

20 世纪 70—80 年代国外开始将 GIS 技术应用到面源污染模型的研究中,90 年代后GIS 与面源污染模型进入紧密耦合阶段;中国开始将 GIS 应用于面源污染研究始于 20 世纪90 年代,目前大部分属于松散耦合(李海雯等,2007)。GIS 技术的发展大大提高了面源污染模型的模拟质量和精度,研发了一批集空间信息处理、数学计算、数据库技术和可视化等功能于一体的超大型流域模型(程炳等,2006)。目前,GIS 空间分析技术已经从传统的空间查询、缓冲区分析、网络分析和数字高程分析等方法扩展到探索性空间数据分析、空间数据挖掘和空间交互建模等技术，此外，ARCGIS10.0 添加的空间数据的时间维实现了多维数据图表分析和追踪及数据实时获取，为时间变化规律的分析提供了技术支持。许多 GIS 系统在面源污染领域得到了广泛应用，如 ERDAS、ARC/INFO、LAS、GRASS 和 IDRISI 等。

　　遥感技术多时段、多波段和大范围的特点为面源污染负荷提供大量准确的基础数据。通过卫星遥感影像解译可获得地貌、土壤、植被、土地利用类型和水质等信息，这些信息可视性强、且易于与 GIS 相结合，有助于实现数据的实时分析。

1.3.2　城市化模型研究进展

　　土地利用变化是一个复杂的动态过程，土地利用变化模型是众多学者的研究热点（曹银贵等，2007）。Tobler 首次提出将元胞自动机运用于地理模拟中（Tobler，1979）。为了更好地了解和描述城市化，在 CA 技术基础上发展了大量城市化模型，如 White 在 CA 基础上提出了 MOLAND 模型被用于模拟无计划扩张和规划发展等不同情景下的土地利用变化（White et al，1997）。此外，Pijanowski 基于 GIS 和人工神经网络提出了 LTM 模型（Land Transformation Model），该模型被用于模拟土地利用的复杂变化过程（Pijanowski et al，2002）；KoK 提出的 CLUE 模型是少见的空间简化土地利用模型，被用于分析复合比例尺下的土地利用变化问题（Kok et al，2001）。在众多城市化模型中，CA 是国际上常用的城市化增长模拟模型。

　　CA 理论始于 20 世纪 40 年代的冯·诺依曼和乌拉；20 世纪 70 年代地理学家就开始意识到 CA 模拟复杂地理现象的优势；至 90 年代中后期，CA 由于具有强大的空间建模和运算能力在地理学应用上得到空前的发展，成为地理研究和空间分析的热点课题。CA 被广泛应用于城市动态变化模拟中，城市 CA 至少包括 3 种形式：①模拟基于城市理论的城市动力学（White et al，1993）；②模拟城市未来发展方向（Clarke et al，1998；Silva，2004）；③模拟不同规划目标下的城市发展形式（Yeh et al，2003），即 CA 不仅能用来模拟城市格局变化，还能用于城市格局的设计和优化。CA 在城市化模拟中得到广泛应用，如 Tobler 首次采用 CA 模拟了美国五大湖区底特律城市发展（Tobler，1979）；Clarke 等模拟了美国旧金山地区的城市发展（Clarke，1997）；Bessusi 等模拟意大利东北部城市的扩散（Besussi et al，1998）；杨青生等模拟了深圳城市土地利用变化等（杨青生等，2006）；杨国清等运用 CA－Markov 模型模拟了广州市土地利用格局变化，都取得了有意义的研究成果（杨国清等，2007）。

　　近年来，关于 CA 模拟过程中转换规则的获取方法的研究较多，主要方法如 SLEUTH 模型（Clarke，1997）、多准则判断（Wu et al，1998）、主成分分析（Li et al，2001）、Logistic 回归（Wu，2002）和神经网络（Li et al，2002）等。此外，一些智能式获取方法如遗传算法（Booker et al1989）、Fisher 判别（Mika et al，1999）、数据挖掘（Moran et al，2002）、支持向量机（Cherkassky et al，2004）、粗集（吴顺祥等，2004）和案例推理（黎夏等，2004）等也被应用到 CA 转换规则的获取中，上述方法有助于从复杂的自然关系中获取所需的转换规则（黎夏，2007）。

近年来,CA 与 RS 和 GIS 的耦合越来越紧密。一方面,CA 和 GIS 在空间建模方面可相互补充;另一方面,RS 和 GIS 技术为 CA 模拟提供了模拟区域真实的自然和社会经济数据,有助于提高模拟精度(黎夏,2007)。

地理模拟系统(Geographical Simulation Systems,GSS)是指在计算机软、硬件支持下,通过虚拟模拟实验对复杂系统进行模拟、预测、优化和显示的技术。CA 属于第一个真正意义上的 GSS。20 世纪 90 年代,随着复杂适应系统(CAS)理论的发展,多智能体系统(Multi—Agent Systems,MAS)成为继 CA 之后又一个主要的地理模拟系统工具(黎夏,2007)。MAS 具有适应性和进化性,在人文研究方面比 CA 更具优势,已逐渐引起地理学家的关注。

1.4 城乡交错带典型研究区域概况

汤逊湖流域位于武汉市东南、城乡接合部,地处北纬 30°22′～30°30′、东经 114°15′～114°35′,横跨远城区和郊区,属于典型的城郊型湖泊。流域总面积为 260.64 km²,其中,湖泊水域面积(蓝线控制面积)为 47.62 km²。汤逊湖流域属于我国长江中下游典型的平原水网地区,河道纵横交错,通过青菱河、巡司河与周围的青菱湖、黄家湖、南湖等湖泊相互连接,形成庞大的河湖水网体系。流域属于亚热带湿润季风气候,年均气温为 15.8～17.5℃,过去 20 年年均降雨量约为 1271.7mm。土壤类型为红壤;流域平均坡度为 2.52°,坡度大于 10°的区域仅占流域总面积的 4.66%,主要分布在南部林地上。汤逊湖流域地理位置及高程见彩图 1。

整个流域包括江夏、洪山和东湖高新 3 个行政区,其中,江夏区包括庙山、纸坊、藏龙岛的全部和五里界、郑店、大桥的部分范围,拥有湖面约占汤逊湖的 70%;洪山区和东湖高新区拥有的湖面各约占 15%(表示 2 个区所占湖面相等,且均为 15%)。截至 2006 年,汤逊湖流域总人口约 36.75 万人,人口密度达 1 410 人/km²。汤逊湖流域行政区见图 1—5。

汤逊湖曾是武汉市最大的原生生态湖泊,也是武汉市备用水源地之一,水体功能主要是生活饮用水和一般鱼类保护区,执行《地表水环境质量标准(GB 3838—2002)》Ⅲ类标准。根据 2004—2015 年的湖北省环境保护厅发布的湖北省环境质量状况数据,2004—2005 年汤逊湖实际水质为Ⅲ类,满足功能区划Ⅲ类水质标准要求;2006—2013 年实际水质为Ⅳ类标准,水质超标,超标项目主要是 TP 和 BOD_5;2014—2017 年水质为Ⅴ类,水质超标,超标项目主要是 TP、COD 和氨氮(NH_3-N)等。同时,汤逊湖水体营养状态也随之变化:2004—2006 年汤逊湖营养状况为中营养;2007 年稍微好转,为贫营养;2008—2009 年进一步转化为中营养;2010 年以后开始表现出富营养化趋势,并发展为轻度富营养;2014—2017 年为继续发展为中度富营养化。从水质和营养状况变化来看,汤逊湖水质呈逐步恶化趋势。

20 世纪 90 年代中期以来,汤逊湖周边开发强度逐渐加大,企业、大学城及房地产成为沿湖周边主要开发项目,人口迅速增加,大量工业废水、垃圾场污水和生活污水的排入,导致汤逊湖湖水严重污染、水体承载能力超负荷。2004 年调查发现,汤逊湖周边有 200 多个排污单

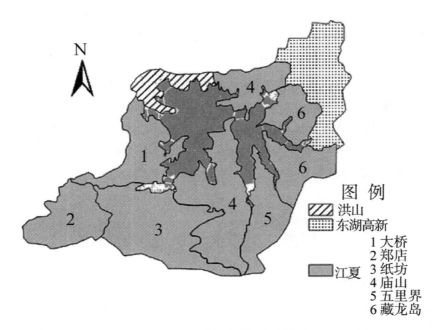

图 1-5　汤逊湖流域行政区划图

位和项目,有排污口 29 个,其中主要有 5 个大排污源:纸坊港、红旗港、大桥港、杨桥港和五里界中洲港。大量直排入湖的生活污水和工业废水 4 万余 t,其中生活污水占入湖污水总量的 80%。这些废水是导致汤逊湖水逐年恶化的主要原因。汤逊湖西南部和东部为农业区域,由于化肥、农药的大量使用,N、P 等污染物随着农田地表径流直接进入汤逊湖,成为汤逊湖 N、P 负荷的又一重要来源。同时,江夏区内规模化养殖废水和水产养殖饵料投入也是造成 TP、NH_3-N 等污染物超标的原因之一。此外,开发过程中流域生态环境的改变、不透水地面增加导致的地表径流量增加以及湖面人为拦网分割等因素,也在一定程度上加大了汤逊湖水质恶化趋势。综上所述,城市化背景下,点源和面源的输入以及环保设施建设滞后,共同导致了汤逊湖水质持续恶化。

通过汤逊湖 2010—2017 年 7 个监测点位的逐月水质数据(图 1-6),分析了 TP 水质空间分布及其年内变化规律。根据Ⅲ类水质标准,TP(湖、库)浓度标准为 0.05mg/L。分析结果表明:①除 3♯外汤逊湖武大东湖分校水质增长趋势不太显著外,1♯内汤逊湖湖心、2♯外汤逊湖湖心、4♯内汤逊湖观音像、5♯内汤逊湖工业园、6♯内汤逊湖洪山监狱和 7♯外汤逊湖焦石咀均呈现显著的增长趋势,即整体上汤逊湖水质近年来呈逐年恶化趋势;②从湖泊水质逐月变化来看,9 月 TP 浓度最高、平均约为 0.14mg/L,1 月最低、平均约为 0.075mg/L。水质分析结果显示,汤逊湖 TP 浓度最高值发生期与雨季同期。水质年内波动的主要原因是,汤逊湖流域暴雨多集中在 5—10 月,在此期间降雨径流携带的农田营养物、道路灰尘、垃圾等入湖污染物负荷较高;且流域内主要以油菜、棉花和水稻种植为主,生长季与雨季同期,生长季施入的肥料易经过地表径流进入水体,加大氮磷流失风险。此外,夏秋季节的风浪扰动较大、水温升高,会影响湖泊底泥营养盐释放和水层之间的营养物交换,进而影响湖泊水质(褚俊英等,2010)。点源和面源为湖泊水体污染物输入的主要形式。根据汤逊湖水质年内变化特点,可近似认为以径流流失为主的面源污染是汤逊湖水质污染的重要来源。

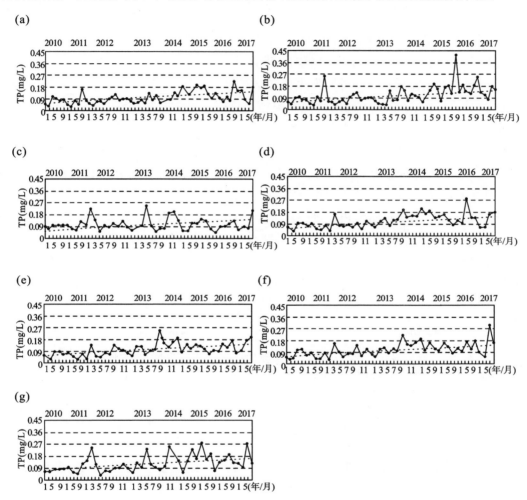

图 1-6　汤逊湖 2010—2017 年 TP 浓度变化

(a)内汤逊湖湖心;(b)外汤逊湖湖心;(c)外汤逊湖武大东湖分校;(d)内汤逊湖观音像;(e)内汤逊湖工业园;(f)内汤逊湖洪山监狱;(g)外汤逊湖焦石咀

1.5　城乡交错带面源污染模拟研究内容及技术路线

本研究拟通过深入分析研究区域城市化过程,针对面源分布特点,建立基于农业面源和城市面源并存的面源污染估算模型;借鉴城市地理学的研究成果,运用元胞自动机预测研究区域土地利用变化;结合城市化模型和面源污染模型,通过模拟城市化动态过程,预测研究区域面源污染负荷在时空上的动态变化,为国内外的相关研究提供参考。研究对于针对性采取治理措施、改善城市水环境具有重要的理论和现实意义。本研究选择位于城乡交错带的典型流域汤逊湖流域作为研究区域,主要研究工作如下:

(1)以 1991 年(TM)、2001 年(ETM+)、2011 年(ETM+)3 个年份的遥感影像数据为基础,运用 CA 模型模拟汤逊湖流域 2020 年、2030 年土地利用变化情况,并在此基础上运用土地利用程度变化模型进一步分析流域的城市化进程。

(2)根据汤逊湖流域农业面源和城市面源交叉分布的特点,分别按农业面源模式、城市面源模式和耦合模式来模拟汤逊湖流域面源污染负荷。农业面源模式下,采用基于 USLE 模型和 SCS 模型的污染物输出经验模型预测整个流域 1991—2015 年农业面源污染负荷;城市面源模式下,采用基于 SCS 模型的 L—THIA 模型模拟整个流域 1991—2010 年城市面源污染负荷;耦合模式下,通过邻域统计方法构建农业面源和城市面源耦合模型(AUNPS 模型),模拟整个流域 1991—2010 年复杂面源污染负荷。

(3)将 CA 模型与 AUNPS 模型进一步耦合,构建复杂面源污染负荷时空变化模型(CA—AUNPS 模型),预测 2020 年、2030 年汤逊湖流域面源污染负荷时空变化。

(4)设置综合评价指数 δ,采用整体与局部评价相结合的方法分析 CA—AUNPS 模型构建的合理性;结合相关研究,采用对比验证的方法论证耦合模型计算结果的准确性。

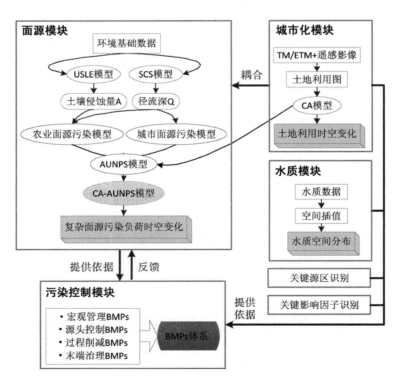

图 1—7 研究内容及其相互关系

（5）运用 SOM 模型、线性相关模型分析 TN、TP 负荷与不同影响因素之间的相关性；运用多元线性回归模型（MLR）对主要影响因素进行回归模拟，分析 TN、TP 负荷同时与多个因素之间的关系。

（6）基于典型流域面源污染时空变化模拟结果、面源污染影响因素及城市化发展特点，构建适合流域特征的复杂面源污染控制 BMPs 体系。

本研究以准确模拟复杂面源的时空变化为目标，研究内容各部分之间有机联系，相互关系见图 1—7。

本研究以位于典型的城郊型湖泊流域——汤逊湖流域为例，采用污染物输出经验模型、L—THIA 模型分别模拟流域农业和城市面源模式下的面源污染负荷，并构建了 AUNPS 模型和 CA—AUNPS 模型进一步模拟复杂面源污染负荷的时空变化，系统地探讨了流域复杂面源的面源特征界定、污染负荷时空变化模拟以及污染控制 BMPs 体系的构建。研究技术路线见图 1—8。

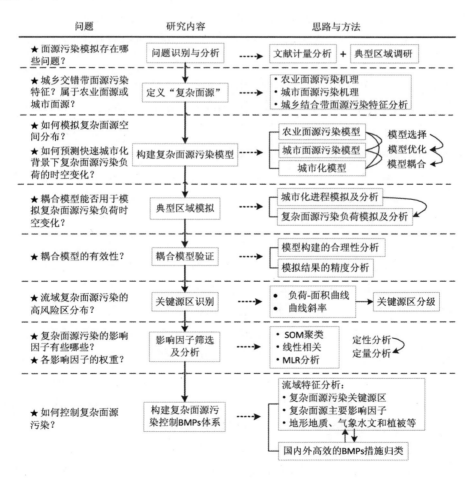

图 1—8 技术路线图

参 考 文 献

[1] Abbott MB, Bathurst JC, Cunge JA, et al. An introduction to the European Hydrological System—Systeme Hydrologique Europeen, "SHE", 1: History and philosophy of a physically—based, distributed modelling system [J]. Journal of Hydrology, 1986, 87(1):45—59.

[2] Arnold J, Soil G. SWAT (Soil and Water Assessment Tool). Grassland, Soil and Water Research Laboratory, USDA, Agricultural Research Service; 1994.

[3] Arnold JG, Williams J, Nicks A, et al. SWRRB: a basin scale simulation model for soil and water resources management. Texas A & M University Press; 1990.

[4] Aryal RK, Jinadasa H, Furumai H, et al. A long—term suspended solids runoff simulation in a highway drainage system[J]. Water Science and Technology, 2005, 52(5):159—167.

[5] Badhuri B, Grove M, Lowry C, et al. Assessing long—term hydrologic effects of land use change[J]. Journal American Water Works Association, 1997, 89(11):94—106.

[6] Battin A, Kinerson R, Lahlou M. EPA's Better Assessment Science Integrating Point and Nonpoint Sources (BASINS)—a powerful tool for managing watersheds. University of Texas at Austin Center for Research in Water Resources, 1998.

[7] Batty M. Cellular automata and urban form: a primer[J]. Journal of the American Planning Association, 1997, 63(2):266—274.

[8] Beasley D, Huggins L, Monke E. ANSWERS: A model for watershed planning[J]. Transactions of the Asae, 1980, 23(4): 938—944.

[9] Besussi E, Cecchini A, Rinaldi E. The diffused city of the Italian north—east: Identification of urban dynamics using cellular automata urban models[J]. Computers, Environment and Urban Systems, 1998, 22(5):497—523.

[10] Beven K. Dalton Medal Lecture: How far can we go in distributed hydrological modelling? [J] Hydrology and Earth System Sciences, 2001, 5(1):1—12.

[11] Boers P. Nutrient emissions from agriculture in the Netherlands, causes and remedies[J]. Water Science and Technology, 1996, 33(4):183—189.

[12] Booker LB, Goldberg DE, Holland JH. Classifier systems and genetic algorithms [J]. Artificial intelligence, 1989, 40(1):235—282.

[13] Bauer, D. M. , Swallow S. K. Conserving metapopulations in human—altered land-

scapes at the urban—rural fringe[J]. Ecological Economics, 2013, 95(95): 159—170.

[14] Pacione, M. Private profit, public interest and land use planning—A conflict interpretation of residential development pressure in Glasgow's rural—urban fringe[J]. Land Use Policy, 2013, 32(32): 61—77.

[15] Carsel RF, Mulkey LA, Lorber MN, et al. The pesticide root zone model (PRZM): A procedure for evaluating pesticide leaching threats to groundwater[J]. Ecological Modelling, 1985, 30(1):49—69.

[16] Cestti R, Srivastava J, Jung S. Agriculture non—point source pollution control: good management practices—the Chesapeake Bay experience. World Bank Publications; 2003.

[17] Chen C, Herr J, Ziemelis L. Watershed Analysis Risk Management Framework—A Decision Support System for Watershed Approach and TMDL Calculation. Documentation Report TR110809. Electric Power Research Institute, Palo Alto, California, 1998.

[18] Chen C. CiteSpace II: Detecting and visualizing emerging trends and transient patterns in scientific literature[J]. Journal of the American Society for Information Science and Technology, 2006, 57(3):359—377.

[19] Cherkassky V, Ma Y. Practical selection of SVM parameters and noise estimation for SVM regression[J]. Neural networks, 2004, 17(1):113—126.

[20] Clarke KC, Hoppen S, Gaydos L. A self—modifying cellular automaton model of historical urbanization in the San Francisco Bay area. Environment and Planning B: Planning and Design[J]. Environment and planning B: Planning and design, 1997, 24(2):247—261.

[21] Clarke KC, Gaydos LJ. Loose—coupling a cellular automaton model and GIS: long—term urban growth prediction for San Francisco and Washington/Baltimore[J]. International Journal of Geographical Information Science, 1998, 12(7):699—714.

[22] Corwin DL, Vaughan PJ, Loague K. Modeling nonpoint source pollutants in the vadose zone with GIS[J]. Environmental Science & Technology, 1997, 31(8):2157—2175.

[22] De Roo A, Wesseling C, Cremers N, et al. LISEM: a new physically—based hydrological and soil erosion model in a GIS—environment, theory and implementation. IAHS Publications—Series of Proceedings and Reports—Intern Assoc Hydrological Sciences, 1994, 224:439—448.

[23] Dikshit A, Loucks DP. Estimating non—point pollutant loadings— I: A geograph-

ical—information—based non—point source simulation model[J]. Journal of Environmental Systems, 1996, 24(4):395—408.

[24] Donigian AS, Crawford NH. Modeling nonpoint pollution from the land surface. US Environmental Protection Agency, Office of Research and Development, Environmental Research Laboratory; 1976.

[25] Donigian AS. Agricultural runoff management (ARM) model version II: refinement and testing. Environmental Protection Agency, Office of Research and Development, Environmental Research Laboratory; 1977.

[26] Duda P, Kittle Jr J, Gray M, Hummel P, Dusenbury R. WinHSPF—An Interactive Windows Interface to HSPF: User's Manual. US EPA Office of Water, Washington DC, 2001.

[27] Elliot WJ, Hall DE. Water erosion prediction project (WEPP) forest applications. US Department of Agriculture, Forest Service, Intermountain Research Station Ogden, UT; 1997.

[28] Fleming G, Franz DD. Flood frequency estimating techniques for small watersheds [J]. Journal of the Hydraulics Division, 1971, 97(9):1441—1460.

[29] Frere MH, Onstad C, Holtan H. ACTMO, an agricultural chemical transport model. USDA REPORT ARS—H—3, 1975.

[30] Garsdal H, Mark O, D? rge J, et al. Mousetrap: modelling of water quality processes and the interaction of sediments and pollutants in sewers[J]. Water Science and Technology, 1995, 31(7):33—41.

[31] Gianessi LP, Peskin HM, Young GK. Analysis of national water pollution control policies: 1. A national network model[J]. Water Resources Research, 1981, 17(4):796—802.

[32] Hoos AB, McMahon G. Spatial analysis of instream nitrogen loads and factors controlling nitrogen delivery to streams in the southeastern United States using spatially referenced regression on watershed attributes (SPARROW) and regional classification frameworks[J]. Hydrological Processes, 2009, 23(16):2275—2294.

[33] Johanson RC, Davis HH. Users manual for hydrological simulation program—Fortran (HSPF). Environmental Research Laboratory, Office of Research and Development, US Environmental Protection Agency; 1980.

[34] Johnes PJ. Evaluation and management of the impact of land use change on the nitrogen and phosphorus load delivered to surface waters: the export coefficient modelling approach[J]. Journal of Hydrology, 1996, 183(3):323—349.

[35] Jordan NR, Slotterback CS, Cadieux KV, Mulla DJ, Pitt DG, Olabisi LS, et al.

TMDL Implementation in Agricultural Landscapes: A Communicative and Systemic Approach[J]. Environmental Management, 2011, 48(1):1—12.

[36] Knisel WG. CREAMS: A field—scale model for chemicals, runoff and erosion from agricultural management systems [USA]. USDA Conservation Research Report, 1980.

[37] Kok K, Farrow A, Veldkamp A, ea al. A method and application of multi—scale validation in spatial land use models[J]. Agriculture, ecosystems & environment, 2001, 85(1):223—238.

[38] Lai K—K, Wu S—J. Using the patent co—citation approach to establish a new patent classification system[J]. Information Processing & Management, 2005, 41(2): 313—330.

[39] Lee J, Bang K, Ketchum L, et al. First flush analysis of urban storm runoff[J]. Science of the Total Environment, 2002, 293(1):163—175.

[40] Lee S. Nonpoint source pollution. Fisheries, 1979, 2:50—52.

[41] Leonard R, Knisel W, Still D. GLEAMS: groundwater loading effects of agricultural management systems. American Society of Agricultural Engineers. Microfiche collection, 1986.

[42] Li J, Li H, Shen B, et al. Effect of non—point source pollution on water quality of the Weihe River[J]. International Journal of Sediment Research, 2011, 26(1):50—61.

[43] Li S, Zhang L, Liu H, et al. Evaluating the risk of phosphorus loss with a distributed watershed model featuring zero—order mobilization and first—order delivery[J], Science of the total environment, 2017, 609: 563—576.

[44] Li X, Yeh AG—O. Neural—network—based cellular automata for simulating multiple land use changes using GIS[J]. International Journal of Geographical Information Science, 2002, 16(4):323—343.

[45] Li X, Yeh AG—O. Zoning land for agricultural protection by the integration of remote sensing, GIS, and cellular automata[J]. Photogrammetric Engineering and Remote Sensing, 2001, 67(4):471—478.

[46] Masse B, Zug M, Tabuchi JP, et al. Long term pollution simulation in combined sewer networks[J]. Water Science and Technology, 2001, 43(7):83—89.

[47] Massone HE, Martinez DE, Cionchi JL, et al. Suburban areas in developing countries and their relationship to groundwater pollution: a case study of Mar del Plata, Argentina[J]. Environmental Management, 1998, 22(2):245—254.

[48] McKissock G, Jefferies C, D'Arcy B. An assessment of drainage best management

practices in Scotland[J]. Water and Environment Journal, 1999, 13(1):47—51.

[49] Mika S, Ratsch G, Weston J, Scholkopf B, Mullers K. Fisher discriminant analysis with kernels. Neural Networks for Signal Processing IX, 1999. Proceedings of the 1999 IEEE Signal Processing Society Workshop. , 1999. IEEE: 41—48.

[50] Moran CJ, Bui EN. Spatial data mining for enhanced soil map modelling[J]. International Journal of Geographical Information Science, 2002, 16(6):533—549.

[51] Morgan R, Quinton J, Smith R, et al. The European Soil Erosion Model (EUROSEM): a dynamic approach for predicting sediment transport from fields and small catchments[J]. Earth Surface Processes and Landforms, 1998, 23(6):527—544.

[52] Ning SK, Jeng KY, Chang NB. Evaluation of non—point sources pollution impacts by integrated 3S information technologies and GWLF modelling[J]. Water Science and Technology, 2002, 46(6—7):217—224.

[53] Novotny V, Chesters G. Handbook of nonpoint pollution: sources and management. Van Nostrand Reinhold Environmental Engineering Series. Van Nostrand Reinhold Co. New York. 1981.

[54] Novotny V. Description and Calibration of a Pollutant Loading Model—LANDRUN. US Environmental Protection Agency, 1979.

[55] Palmstrom N, Walker W. The P8 Urban Catchment Model for Evaluating Nonpoint Source Controls at the Local Level. Enhancing States' Lake Management Programs, US EPA, 1990.

[56] Pijanowski BC, Shellito B, Pithadia S, et al. Forecasting and assessing the impact of urban sprawl in coastal watersheds along eastern Lake Michigan[J]. Lakes & Reservoirs: Research & Management, 2002, 7(3):271—285.

[57] Pritchard A. Statistical bibliography or bibliometrics[J]. Journal of documentation, 1969, 25:348.

[58] Putman J, Williams J, Sawyer D. Using the erosion—productivity impact calculator (EPIC) model to estimate the impact of soil erosion for the 1985 RCA appraisal[J]. Journal of Soil and Water Conservation, 1988, 43(4):321—326.

[59] Renard KG, Foster GR, Weesies GA, et al. RUSLE: Revised universal soil loss equation[J]. Journal of Soil and Water Conservation, 1991, 46(1):30—33.

[60] Richards C, Munster C, Vietor D, et al. Assessment of a turfgrass sod best management practice on water quality in a suburban watershed[J]. Journal of Environmental Management, 2008, 86(1):229—245.

[61] Sample DJ, Grizzard TJ, Sansalone J, et al. Assessing performance of manufactured

treatment devices for the removal of phosphorus from urban stormwater[J]. Journal of Environmental Management, 2012, 113:279—291.

[62] Schmoch U, Schubert T. Are international co—publications an indicator for quality of scientific research? [J] Scientometrics, 2008, 74(3):361—377.

[63] Schreiber J, Rebich R, Cooper C. Dynamics of diffuse pollution from US southern watersheds[J]. Water Research, 2001, 35(10):2534—2542.

[64] Silva EA. The DNA of our regions: artificial intelligence in regional planning. Futures, 2004, 36(10):1077—1094.

[65] Snodgrass JW, Casey RE, Joseph D, et al. Microcosm investigations of stormwater pond sediment toxicity to embryonic and larval amphibians: variation in sensitivity among species[J]. Environmental Pollution, 2008, 154(2):291—297.

[66] Tobler WR. Cellular geography[M]. Philosophy in geography. Springer, 1979:379—386.

[67] Vought LB—M, Dahl J, Pedersen CL, et al. Nutrient retention in riparian ecotones [J]. AMBIO: A Journal of the Human Environment, 1994, 23(6):342—348.

[68] White R, Engelen G, Uljee I. The use of constrained cellular automata for high—resolution modelling of urban land—use dynamics[J]. Environment and Planning B, 1997, 24(3):323—344.

[69] White R, Engelen G. Cellular automata and fractal urban form: a cellular modelling approach to the evolution of urban land—use patterns[J]. Environment and planning A, 1993, 25(8):1175—1199.

[70] Wu F, Webster CJ. Simulation of land development through the integration of cellular automata and multicriteria evaluation[J]. Environment and Planning B, 1998, 25(1):103—126.

[71] Wu F. Calibration of stochastic cellular automata: the application to rural—urban land conversions[J]. International Journal of Geographical Information Science, 2002, 16(8):795—818.

[72] Xian G, Crane M, Su J. An analysis of urban development and its environmental impact on the Tampa Bay watershed[J]. Journal of Environmental Management, 2007, 85(4):965—976.

[73] Yeh AG—O, Li X. Simulation of development alternatives using neural networks, cellular automata, and GIS for urban planning[J]. Photogrammetric Engineering and Remote Sensing, 2003, 69(9):1043—1052.

[74] Yen CH, Chen KF, Sheu YT, et al. Pollution Source Investigation and Water Quality Management in the Carp Lake Watershed, Taiwan[J]. CLEAN - Soil, Air, Wa-

ter, 2012, 40(1):24—33.

[75] Young RA, Onstad C, Bosch D, et al. AGNPS: A nonpoint—source pollution model for evaluating agricultural watersheds[J]. Journal of Soil and Water Conservation, 1989, 44(2):168—173.

[76] Yu SL, Whipple W, Hunter JV. Characterizing nonpoint sources of water—pollution[J]. Transactions—American Geophysical Union, 1973, 54(11):1087.

[77] Yuan Y, Bingner RL, Theurer FD, et al. Water quality simulation of rice/crawfish field ponds within annualized AGNPS[J]. Applied Engineering in Agriculture, 2007, 23(5):585—595.

[78] Yuan YP, Bingner RL, Rebich RA. Evaluation of AnnaGNPS on Mississippi Delta MSEA watersheds[J]. Transactions of the Asae, 2001, 44(5):1183—1190.

[79] Zhang H, Huang G. Assessment of non—point source pollution using a spatial multicriteria analysis approach[J]. Ecological Modelling, 2011, 222(2):313—321.

[80] Zhuang Y, Liu X, Nguyen T, et al. Global remote sensing research trends during 1991 - 2010: a bibliometric analysis[J]. Scientometrics, 2012, 96(1):203—219.

[81] Zhuang Y, Zhang L, Du Y, et al. Current patterns and future perspectives of best management practices research: A bibliometric analysis[J], Journal of soil and water conservation, 2016, 71(4): 98A—104A.

[82] 蔡崇法, 丁树文, 史志华. 应用 USLE 模型与地理信息系统 IDRISI 预测小流域土壤侵蚀量的研究[J]. 水土保持学报, 2000, 14(2): 19—24.

[83] 蔡明, 李怀恩, 庄咏涛, 等. 改进的输出系数法在流域非点源污染负荷估算中的应用[J]. 水利学报, 2004, 35(7):40—45.

[84] 蔡明, 李怀恩, 庄咏涛. 估算流域非点源污染负荷的降雨量差值法[J]. 西北农林科技大学学报（自然科学版）, 2005, 33(4):102—106.

[85] 曹银贵, 王静, 陶嘉, 等. 基于 CA 与 AO 的区域土地利用变化模拟研究[J]. 地理科学进展, 2007, 26(3):88—95.

[86] 陈洪波, 王业耀. 国外最佳管理措施在农业非点源污染防治中的应用[J]. 环境污染与防治, 2006, 28(4):279—282.

[87] 陈西平, 黄时达. 涪陵地区农田径流污染输出负荷定量化研究[J]. 环境科学, 1991, 12(3):75—79.

[88] 陈佑启, 武伟. 城乡交错带人地系统的特征及其演变机制分析[J]. 地理科学, 1998, 18(5):418—424.

[89] 程炯, 林锡奎, 吴志峰, 等. 非点源污染模型研究进展[J]. 生态环境, 2006, 15(3):641—644.

[90] 董亮. GIS 支持下西湖流域水环境非点源污染研究[D]. 浙江大学博士学位论文, 浙

江大学图书馆, 2001, 5.

[91] 方志发, 王飞儿, 周根娣. BMPs 在千岛湖流域农业非点源污染控制中的应用[J]. 农业环境与发展, 2009, 26(1):69—72.

[92] 高娟, 李贵宝, 华珞, 等. 日本水环境标准及其对我国的启示[J]. 中国水利, 2005, 11:41—43.

[93] 葛永学. 城市非点源污染研究进展[J]. 中山大学研究生学刊: 自然科学与医学版, 2010, 31(001):16—21.

[94] 郝芳华, 杨胜天, 程红光, 等. 大尺度区域非点源污染负荷计算方法[J]. 环境科学学报, 2006, 26(3):375—383.

[95] 贺缠生, 傅伯杰, 陈利顶. 非点源污染的管理及控制[J]. 环境科学, 1998, 19(5):87—91.

[96] 贺锡泉. 城市径流非点源污染运动波模型初探[J]. 上海环境科学, 1990, 9(8):12—15.

[97] 黄金良, 洪华生, 张珞平, 等. 基于 GIS 的九龙江流域农业非点源氮磷负荷估算研究[J]. 农业环境科学学报, 2004, 23(5):866—871.

[98] 黄永刚, 付玲玲, 胡筱敏. 基于河流断面监测资料的非点源负荷估算输出系数法的研究和应用[J]. 水力发电学报, 2012, 31(5):159—162.

[99] 惠二青, 刘贯群, 邱汉学, 等. 适用于中大尺度流域的非点源污染模型[J]. 农业环境科学学报, 2005, 24(3):552—556.

[100] 蒋鸿昆, 高海鹰, 张奇. 农业面源污染最佳管理措施(BMPs)在我国的应用[J]. 农业环境与发展, 2006, 23(4):64—67.

[101] 解智强, 杜清运, 高忠, 等. GIS 与模型技术在城市排水管线承载力评价中的应用[J]. 测绘通报, 2011, 12:50—53.

[102] 柯强, 赵静, 王少平, 等. 最大日负荷总量(TMDL)技术在农业面源污染控制与管理中的应用与发展趋势[J]. 生态与农村环境学报, 2009, 25(1):85—91.

[103] 黎夏, 叶嘉安, 廖其芳. 利用案例推理(CBR)方法对雷达图像进行土地利用分类[J]. 遥感学报, 2004, 8(3):246—253.

[104] 黎夏. 地理模拟系统: 元胞自动机与多智能体[M]. 科学出版社, 2007.

[105] 李定强, 王继增. 广东省东江流域典型小流域非点源污染物流失规律研究[J]. 土壤侵蚀与水土保持学报, 1998, 4(3):12—18.

[106] 李海雯, 陈振楼, 王军, 等. 基于 GIS 的水环境非点源污染模型研究[J]. 环境科学与管理, 2007, 32(3):62—66.

[107] 李怀恩, 刘玉生. 逆高斯分布瞬时输沙单位线模型[J]. 水土保持学报, 1994, 8(2):48—55.

[108] 李怀恩. 估算非点源污染负荷的平均浓度法及其应用[J]. 环境科学学报, 2000, 20

(4):397—400.

[109] 李家才. 总量控制与太湖流域水污染治理——《太湖流域水环境综合治理总体方案》述评[J]. 环境污染与防治，2010，32(4):96—100.

[110] 李家科，李怀恩，沈冰，等. 基于自记忆原理的非点源污染负荷预测模型[J]. 农业工程学报，2009，25(3):28—32.

[111] 李家科，李亚娇，李怀恩，等. 非点源污染负荷预测的多变量灰色神经网络模型[J]. 西北农林科技大学学报：自然科学版，2011，39(3):229—234.

[112] 刘海涛，秦其明. 基于 WebGIS 的土壤侵蚀模型的研究及应用[J]. 水土保持学报，2001，15(3):52—55.

[113] 刘曼蓉，曹万金. 南京市城北地区暴雨径流污染研究[J]. 水文，1990，6:15—23.

[114] 吕耀. 农业非点源污染研究进展[J]. 上海环境科学，2000，19:36—39.

[115] 马晓宇，朱元励，梅琨，等. SWMM 模型应用于城市住宅区非点源污染负荷模拟计算[J]. 环境科学研究，2012，25(1):95—102.

[116] 牛志明，解明曙，孙阁. ANSWER2000 在小流域土壤侵蚀过程模拟中的应用研究[J]. 水土保持学报，2001，15(3):56—60.

[117] 秦福来. 基于 SWAT 模型的非点源污染模拟研究[M]. 北京：首都师范大学，2006.

[118] 秦耀民，胥彦玲，李怀恩. 基于 SWAT 模型的黑河流域不同土地利用情景的非点源污染研究[J]. 环境科学学报，2009，29(2):440—448.

[119] 石峰，杜鹏飞，张大伟，等. 滇池流域大棚种植区面源污染模拟[J]. 清华大学学报：自然科学版，2005，45(3):363—366.

[120] 史志华，蔡崇法. 基于 GIS 和 RUSLE 的小流域农地水土保持规划研究[J]. 农业工程学报，2002，18(4):172—175.

[121] 陶思明. 浅论农村生态环境的主要问题及其保护对策[J]. 上海环境科学，1996，15(10):5—8.

[122] 万金保，胡倩如，王嵘，等. 串联式 BMPs 在面源污染控制中的应用[J]. 南昌大学学报：工科版，2008，30(3):209—211.

[123] 王彩艳，彭虹，张万顺，等. TMDL 技术在东湖水污染控制中的应用[J]. 武汉大学学报（工学版），2009，42(5):665—668.

[124] 王飞儿，吕唤春，陈英旭. 基于 AnnAGNPS 模型的千岛湖流域氮、磷输出总量预测[J]. 农业工程学报，2003，19(6):281—284.

[125] 王和意，刘敏，刘巧梅，等. 城市降雨径流非点源污染分析与研究进展[J]. 城市环境与城市生态，2003，16(6):283—285.

[126] 王红武，毛云峰，高原，等. 低影响开发（LID）的工程措施及其效果[J]. 环境科学与技术，2012，35(10):99—103.

[127] 万利. 城乡交错带土地利用变化的生态环境影响研究[D]. 北京：中国农业科学院研究生院. 2009.

[128] 王建龙，车伍，易红星. 基于低影响开发的雨水管理模型研究及进展[J]. 中国给水排水，2010，26(18)：50—54.

[129] 王佩兰. 三水源新安江流域模型的应用经验[J]. 水文，1982，5：26—33.

[130] 王少平，俞立中，许世远. 基于 GIS 的苏州河非点源污染的总量控制[J]. 中国环境科学，2002，22(6)：520—524.

[131] 王少平，俞立中，许世远. 流域面源集成管理系统的设计与应用[J]. 水科学进展，2004，15(5)：571—575.

[132] 王同生. 莱茵河的水资源保护和流域治理[J]. 水资源保护，2002，0(4)：60—62.

[133] 王昕皓. 非点源污染负荷计算的单元坡面模型法[J]. 中国环境科学，1985，5(5)：62—67.

[134] 温灼如，苏逸深，刘小靖，等. 苏州水网城市暴雨径流污染的研究[J]. 环境科学，1986，7(6)：2—6.

[135] 吴建强，唐浩，黄沈发，等. 上海市农业面源污染控制 BMPs 框架体系研究——（Ⅱ）工程性 BMPs [J]. 上海环境科学，2011，(3)：120—123.

[136] 吴礼福. 黄土高原土壤侵蚀模型及其应用[J]. 水土保持通报，1996，16(5)：29—35.

[137] 吴顺祥，刘思峰，辜建德. 基于粗集理论的一种规则提取方法[J]. 厦门大学学报：自然科学版，2004，43(5)：604—608.

[138] 伍发元，黄种买，龙向宇. 汉阳墨水湖地区城市面源污染控制研究[J]. 西南给排水，2003，25(6)：18—20.

[139] 夏军，翟晓燕，张永勇. 水环境非点源污染模型研究进展[J]. 地理科学进展，2012，31(7)：941—952.

[140] 夏青，庄大邦，廖庆宜. 计算非点源污染负荷的流域模型[J]. 中国环境科学，1985，5(4)：23—30.

[141] 邢可霞，郭怀成，孙延枫，等. 基于 HSPF 模型的滇池流域非点源污染模拟[J]. 中国环境科学，2004，24(2)：229—232.

[142] 叶闽，杨国胜，张万顺，等. 城市面源污染特性及污染负荷预测模型研究[J]. 环境科学与技术，2006，29(2)：67—69.

[143] 杨林章，冯彦房，施卫明，等. 我国农业面源污染治理技术研究进展. 中国生态农业学报，2013，21(1)：96—101.

[144] 杨国清，刘耀林，吴志峰. 基于 CA—Markov 模型的土地利用格局变化研究[J]. 武汉大学学报：信息科学版，2007，32(5)：414—418.

[145] 杨柳，马克明，郭青海，等. 城市化对水体非点源污染的影响[J]. 环境科学，2004，25(6)：34—41.

［146］ 杨青生，黎夏. 基于支持向量机的元胞自动机及土地利用变化模拟［J］. 遥感学报，2006，10(6)：836—846.

［147］ 叶闽，杨国胜，张万顺，等. 城市面源污染特性及污染负荷预测模型研究［J］. 环境科学与技术，2006，29(2)：67—69.

［148］ 张超. 非点源污染模型研究及其在香溪河流域的应用［D］。北京：清华大学，2008.

［149］ 张东升，王洪杰，史学正，等. 城乡交错区蔬菜生态系统肥料利用率的模型模拟［J］. 土壤通报，2008，39(1)：87—93.

［150］ 张夫道. 化肥污染的趋势与对策［J］. 环境科学，1985，6(6)：54—58.

［151］ 张玉斌，郑粉莉，贾媛媛. WEPP 模型概述［J］. 水土保持研究，2004，11(4)：146—149.

［152］ 张智奎. 农村面源污染防治的问题及对策［J］. 理论前沿，2009，(2)：41—42.

［153］ 章北平. 东湖面源污染负荷的数学模型［J］. 武汉城市建设学院学报，1996，13(1)：1—8.

［154］ 章北平. 东湖农业区径流污染的黑箱模型［J］. 武汉城市建设学院学报，1996，13(3)：1—5.

［155］ 章茹. 流域综合管理之面源污染控制措施（BMPs）研究［D］. 南昌大学：环境工程，2008.

［156］ 赵琰鑫，张万顺，王艳，等. 基于 3S 技术和 USLE 的深圳市茜坑水库流域土壤侵蚀强度预测研究［J］. 亚热带资源与环境学报，2007，2(3)：23—28.

［157］ 郑一，王学军. 非点源污染研究的进展与展望［J］. 水科学进展，2002，13(1)：105—110.

［158］ 周晓兵，车伍. 我国《绿色建筑评价标准》与美国 LEED 标准关于雨洪控制利用的比较［J］. 给水排水，2009，35(3)：120—124.

［159］ 朱萱，鲁纪行，边金钟. 农田径流非点源污染特征及负荷定量化方法探讨［J］. 环境科学，1985，6(5)：6—11.

［160］ 褚俊英，肖伟华，秦大庸，等. 汤逊湖流域水环境污染的特征与调控对策［J］. 河海大学学报(自然科学版)，2010，38(S2)：55—58.

［161］ 张维理，武淑霞，冀宏杰. 中国农业面源污染形势估计及控制对策 Ⅰ. 21 世纪初期中国农业面源污染的形势估计［J］. 中国农业科学，2004，37(7)：1008—1017.

［162］ 钟晓兰，周生路，赵其国. 城乡接合部土壤污染及其生态环境效应［J］. 土壤，2006，38(2)：122—129.

第 2 章

城乡交错带典型流域城市化过程模拟

　　城市化是指由以农业为主的传统乡村社会向以工业和服务业为主的现代城市社会逐步转变的过程。改革开放极大地加快了中国城市化进程(刘建国等,2012),至 2011 年年底中国城市化率历史性地突破 50%(周伟林,2012)。快速城市化已成为中国社会和经济发展的一个显著特征,而土地城镇化是城市化的主要表现形式之一(陈春,2008)。

　　土地利用变化不仅改变了自然景观格局,对区域气候、土壤和水质水量的影响都很大,是人类活动对水文系统影响的最显著形式(郭旭东等,1999;Bhaduri,2000)。水土流失、废弃物随意堆放、农药化肥的大量施用和城市化扩张是面源污染的主要成因,其中,不合理的土地利用方式是目前面源污染恶化的关键因素(杨柳等,2004;Zampella,1994)。

　　本章的研究目的是,为复杂面源污染负荷的时空变化模拟构建城市化模块。

　　本章的研究内容是,运用元胞自动机(CA 模型)模拟汤逊湖流域土地利用变化,并运用土地利用程度变化模型定量分析流域土地利用程度及城市化发展水平。

2.1　基于 CA 模型的城市化过程模拟

2.1.1　模型与参数

2.1.1.1　CA 模型

　　CA 模型包含 4 个基本要素:元胞(cell)、状态(state)、邻域(neighbor)和转换规则(rule),描述形式见式(2.1)。

$$S^{t+1} = f(S^t, N) \tag{2.1}$$

式中,S^t 和 S^{t+1} 分别为任一元胞(i,j)在 t 和 $t+1$ 时刻的状态;f 为转换规则;N 为元胞(i,j)的邻域,是相邻元胞的集合。

　　元胞是 CA 的基本单元。CA 将模拟空间分隔成统一的规则网格,每一个格点代表一个元胞。

　　CA 通过邻域来描述邻近空间性质,中心元胞(i,j)的空间特性主要受相邻元胞性质的影响。最常用的邻域结构包括冯·诺依曼型(Von Neumann)和摩尔型(Moore)两种,见图 2-1。

(a) 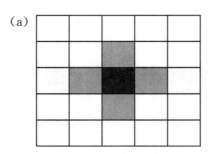　　　(b)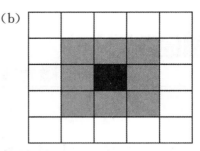

图 2—1　常见的 CA 模型邻域模式

(a) Von・Neumann　　　(b) Moore 型

转换规则 f 是 CA 模型的核心,是表示元胞自身状态和邻域关系的映射函数,对 CA 模拟过程和结果起决定作用。CA 转换规则应具有可操作性。本次模拟主要以转换概率来表示转换能力,同时以控制因子作为元胞转换的影响因素。

2.1.1.2　土地利用程度变化模型

土地利用程度变化模型用于定量揭示区域内土地利用程度、变化过程和发展趋势。土地利用程度反映土地利用的深度和广度,包括土地本身的自然属性以及自然环境和人类活动等因素对土地利用的综合效应(王秀兰等,1999)。本研究采用土地利用程度综合指数(I)、土地利用程度变化量(ΔI)和土地利用程度变化率(R_I)描述汤逊湖流域城市化水平(楚玉山等,1992)。I、ΔI 和 R_I 计算分别见式(2.2)、式(2.3)和式(2.4)。

$$I = 100 \sum_{i=1}^{n}(A_i C_i) \tag{2.2}$$

式中,I 为区域土地利用程度综合指数,$I \in [100, 400]$;A_i 为第 i 级土地利用程度分级指数;C_i 为第 i 级土地利用程度分级面积百分比;n 为土地利用程度分级数。

$$\Delta I_{b-a} = 100 \left[\sum_{i=1}^{n}(A_i C_{ib}) - \sum_{i=1}^{n}(A_i C_{ia}) \right] \tag{2.3}$$

式中,C_{ia} 和 C_{ib} 分别为 a 时刻和 b 时刻第 i 级土地利用程度分级面积百分比。

土地利用分级赋值见表 2—1。

表 2—1　土地利用分级赋值

分级指数	分级类型	对应的流域土地利用类型
1	未利用土地(包括未利用地或难利用地等)	荒地/裸地
2	林、草、水用地(包括绿地、草地和水域等)	林地/绿地
3	农用地(包括农田等)	农用地
4	城镇聚落用地(包括城镇用地、居民点用地和道路交通用地等)	村镇/城市建设用地

$$R_I = \frac{\sum_{i=1}^{n}(A_i C_{ib}) - \sum_{i=1}^{n}(A_i C_{ia})}{\sum_{i=1}^{n}(A_i C_{ia})} \tag{2.4}$$

I 越大表明土地利用综合程度越高;$\Delta I < 0$ 表示土地利用处于衰退期;$\Delta I = 0$ 表示土地

利用处于调整期;$\Delta I>0$ 表示该土地利用处于发展期。

2.1.2 模拟步骤

本研究利用基于 Logistic 回归的 CA 模型对汤逊湖流域城市化过程进行模拟。首先在 1991—2011 年的遥感影像中随机采样获取土地利用变化的经验数据,利用 Logistic 回归方法获取合适的模拟参数,并综合地形因子、人口密度、成本距离因子和政策因子来进行汤逊湖流域城市化模拟。

CA 模拟流程见图 2—2。

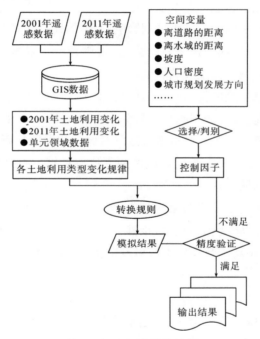

图 2—2 CA 模拟流程图

(1)土地利用分类及元胞确定

将汤逊湖流域 1991 年、2001 年和 2011 年遥感影像图在 ERDAS9.2 中进行监督分类,栅格大小设定为 30m×30m,构成二维的土地利用元胞空间。将整个汤逊湖流域土地利用类型简化为村镇/城市建设用地、农用地、林地/绿地、荒地/裸地和水域 5 种,土地利用类型即为元胞状态,5 种土地利用类型构成元胞状态集。

(2)获取转换规则

首先,根据汤逊湖流域 1991 年、2001 年和 2011 年多时相遥感分类确定不同土地利用类型的相互转换规律及各自变化率。由于城市化过程受自然、社会和经济发展等多种因素的共同影响,不同的区域影响因素各异,城市化模拟控制因子应结合区域实际情况确定。本次 CA 模拟分别选择城市规划、成本距离(道路)和水域作为模型控制因子。CA 模拟 Logistic 回归模型获取转换规则所需的空间变量,Logistic 回归模拟所需空间变量及数据来源见

表2—2。

表2—2　获取转换规则所需空间变量

空间变量	符号	意义	获取方法
全局变量	x_1	城市规划发展轴向	武汉市城市总体规划
距离变量	x_2	到道路的距离	利用 ArcGIS 的 Euclidean distance 函数
	x_3	到水域的距离	利用 ArcGIS 的 Euclidean distance 函数
局部变量	x_4	3×3 邻域已城市化元胞数	利用 ArcGIS 的 Focal 函数
	x_5	元胞的土地利用类型	基于 ERDAS 的遥感影像分类和目视解译

选择距离中心城区的距离作为城市规划影响因子,即距离中心城区越近,其他土地利用类型转变为村镇/城市建设用地的概率就越大,反之则越小。以城市发展轴为方向、运用倒距离函数模拟城市规划对城市化发展的影响。

由于交通道路对城市发展的促进作用,距离道路越近,其他土地利用类型转变为村镇/城市建设用地的概率就越大,反之则越小。首先,在 ArcGIS10.0 中建立道路图层;然后,根据不同土地利用类型到道路的距离成本模拟道路对城市化发展的影响。根据汤逊湖流域实际情况,不同土地利用类型的成本距离近似按如下比例计算:村镇/城市建设用地:荒地/裸地:林地/绿地:农用地:水域=1:2:4:5:7。

由于城市湖泊是未来规划发展的保护对象,水域对城市化发展具有制约作用,即距离水体越近,其他土地利用类型转变为村镇/城市建设用地的概率相对较大,反之则较小。以水体边界作为起点,运用倒距离函数模拟水域对城市化发展的影响。

(3)编程模拟

CA 模拟在 MATLAB7.1 环境下编程实现。为简化模拟程序,CA 转换规则默认其他土地利用类型转为村镇/城市建设用地,其他土地利用类型之间的转换不在编程考虑之列,如农用地与林地/绿地、农用地与荒地/裸地、林地/绿地与荒地/裸地等。在城市规划控制图层根据城市发展轴方向及距离中心城区的距离赋值,越靠近中心城区、沿城市发展方向的元胞转换速度快;交通通达性控制图层、水域控制图层分别根据离主干道和水域的距离赋值,越靠近道路、通达性较好的元胞转换速率较快,越靠近水域的元胞转换速率较慢。在土地利用类型图层,给非城镇建设用地赋值,设定其转换为城镇建设用地的速率。汤逊湖流域城市化过程 CA 模型表达式见式(2.5)。

$$S^{t+1}=f(S^t,N^t)PTW \tag{2.5}$$

式中,S^t 和 S^{t+1} 为 t 时刻和 $t+1$ 时刻的元胞状态集;N 为中心元胞邻域;P 为城市规划控制因子;T 为交通通达性控制因子;W 为水域控制因子。本次模拟以 2011 年土地利用情况为初始数据,在已确定的转换规则下分别模拟汤逊湖流域 2020 年和 2030 年土地利用变化情况。

由于 Moore 型邻域较 Von·Neumann 型邻域的作用范围大、模拟速度快,因此本研究 CA 模拟选择 3×3 摩尔型邻域结构。

不考虑控制因子的标准 CA 转换规则简单表示如下：

```
For i=1:nx
    for j=1:ny
        %对所有元胞%
            if cell(i,j)==0
            %判断中心元胞(i, j)是否为城镇建设用地%
                s=(char(i,j)/2)*(sum(sum(temp(i-r:i+r,j+r)))/8);
                %根据摩尔领域内的8个元胞状态计算中心元胞(i, j)的转换概率%
            if s>rand(1, 1)
                cell(i,j)=1;
                %根据转换概率判断中心元胞(i, j)是否转换%
            end
        end
    end
end
```

程序中，cell(i,j)表示任一中心元胞；char 表示流域内任一元胞的土地利用特征参数；temp 表示 cell(i,j)的邻域；nx 表示模拟空间的行方向元胞个数；ny 表示模拟空间的列方向元胞个数；s 表示中心元胞(i,j)的转换概率；rand(1,1)表示转换阈值。

在考虑控制因子时，CA 转换规则表示如下：

```
For i=1:nx
    for j=1:ny
        %对所有元胞%
            if cell(i,j)==0
            %判断中心元胞(i, j)是否为城镇建设用地%
                s=(char(i,j)/2)*(sum(sum(temp(i-r:i+r,j+r)))/8)*cont1*cont2*cont3;
                %根据摩尔领域内的8个元胞状态计算中心元胞(i, j)的转换概率%
            if s>rand(1, 1)
                cell(i,j)=1;
                %根据转换概率判断中心元胞(i, j)是否转换%
            end
        end
    end
end
```

程序中，cont1、cont2 和 cont3 分别表示第 1、2、3 个控制因子，该研究主要是指城市规划因子、交通通达性控制因子和水域控制因子。在 CA 模拟过程中，控制因子个数和表示形式根据模拟精度进行动态调整。

（4）精度验证

以汤逊湖流域 2001 年土地利用情况作为初始数据来模拟 2011 年土地利用情况，并依据 2011 年土地利用实际情况和模拟结果来计算 CA 模型的模拟精度。

混淆矩阵（confusion matrix）是常用的精度评价方法。混淆矩阵是一个 $n \times n$ 矩阵，n 代表类别数，矩阵行方向依次为第 1 类，第 2 类，…，第 n 类模拟类别的名称；矩阵列方向依次为第 1 类，第 2 类，…，第 n 类实际类别的名称。基于混淆矩阵可计算出总体精度（P_r）和 Kappa 系数（K_{hat}），混淆矩阵表示形式见图 2—3。

	1	2	3	$\cdots$	n	
1	x_{11}	x_{12}	x_{13}	$\cdots$	x_{1n}	x_{1+}
2	x_{21}	x_{22}	x_{23}	$\cdots$	x_{2n}	x_{2+}
3	x_{31}	x_{32}	x_{33}	$\cdots$	x_{3n}	x_{3+}
$\cdots$	$\cdots$	$\cdots$	$\cdots$	$\ddots$	$\cdots$	$\cdots$
n	x_{n1}	x_{n2}	x_{n3}	$\cdots$	x_{nn}	x_{n+}
	x_{+1}	x_{+2}	x_{+3}	$\cdots$	x_{+n}	N

图 2—3　CA 模拟的混淆矩阵

总体精度表示每一个随机样本的分类结果符合真实类别的概率,是矩阵中分类正确的元胞数占总元胞数的比值。总体精度表达式见式(2.6)。

$$P_r = \frac{\sum\limits_{i=1}^{n} x_{ii}}{N} \times 100\% \tag{2.6}$$

式中,x_{ii} 为混淆矩阵中第 i 地类判读正确的元胞数;N 为用于精度评估的总元胞数。

由于总体精度的客观性与样本及其采集方法有关,元胞类型的小变动可能导致精度的较大变化,而 Kappa 系数能够测定两幅图之间的吻合度,并更全面反映图像分类的总体精度,因此,本研究选择 Kappa 系数作为 CA 模拟精度评价指标。Kappa 系数表达式见式(2.7)(陈玲,2010)。

$$K_{hat} = \frac{N\sum\limits_{i=1}^{n} x_{ii} - \sum\limits_{i=1}^{n}(x_{i+} x_{+i})}{N^2 - \sum\limits_{i=1}^{n}(x_{i+} x_{+i})} \tag{2.7}$$

式中,N 为用于精度评估的总元胞数;x_{ii} 为混淆矩阵中第 i 地类判读正确的元胞数;n 为混淆矩阵中总类别数;x_{i+} 和 x_{+i} 分别为第 i 行和第 i 列的总元胞数。

Kappa 系数综合考虑了混淆矩阵对角线上正确分类的元胞数和非对角线上漏分或错分的元胞数。不同 CA 模拟质量对应的 Kappa 系数见表 2—3(陈玲,2010)。

表 2—3　Kappa 系数与模拟质量

K_{hat}	$K_{hat}<0.0$	$0.0<K_{hat}\leqslant0.2$	$0.2<K_{hat}\leqslant0.4$	$0.4<K_{hat}\leqslant0.6$	$0.6<K_{hat}\leqslant0.8$	$0.8<K_{hat}\leqslant1.0$
模拟质量	很差	差	一般	好	很好	极好

2.1.3　数据来源与预处理

(1)遥感数据及流域边界

遥感数据来源于美国陆地资源卫星,其中 1991 年、2001 年和 2011 年数据分别是 Landsat7 的 TM、ETM+和 ETM+数据,遥感影像轨道行列号为 123/39,分辨率为 30m×30m,流域边界和子行政区划分参考肖伟华关于汤逊湖的相关研究确定(肖伟华等,2009)。

在 ERDAS9.2 环境下对遥感数据进行配准及解译,将整个流域土地利用类型分别按农业面源模式和城市面源模式分为 5 类,其中,农业面源模式下土地利用类型分为村镇建设用地、农用地、林地、荒地和水域;城市面源模式下土地利用类型相应地分为城市建设用地、农用地、绿地、裸地和水域。运用 ArcGIS10.0 的"Cell statistics"功能统计 5 种用地类型的元胞个数,利用元胞大小×元胞个数进一步求出各地类的面积。

汤逊湖流域 1991 年、2001 年和 2011 年遥感影像数据(采用 543 波段)见图 2—4。

图 2—4 汤逊湖流域遥感影像图

(a)1991 年;(b)2001 年;(c)2011 年

(2)城市规划发展轴

城市化发展方向是影响区域土地利用变化的重要因素。根据武汉市城市发展规划,武汉市主要发展轴向包括中心城区向北、东北、东南、西和西南共 5 个。汤逊湖位于武汉市中心城区东南,因此本次模拟取东南方为汤逊湖流域的主要城市化发展方向。城市规划因子示意图见彩图 2。

(3)区域主要交通道路图

汤逊湖流域主要交通图根据遥感影像数据和谷歌地球(Google Earth)数据人工解译获得。区域主要交通道路及成本距离因子示意图见彩图 3。

2.1.4 土地利用时空变化分析

汤逊湖流域 1991—2030 年土地利用变化见彩图 4,1991—2030 年不同土地利用类型的面积统计见表 2—3。

表 2—3 汤逊湖流域土地利用现状各地类面积统计

年份 用地类型	1991		2001		2011		2020		2030	
	面积 /km²	占比 /%	面积 /km²	占比 /%	面积 /km²	占比 /%	面积 /km²	占比 /%	面积 /km²	占比 /%
村镇/城市建设用地	28.32	10.87	54.00	20.72	101.23	38.84	151.50	58.13	179.28	68.79
农用地	89.02	34.16	131.44	50.43	92.51	35.49	49.75	19.09	28.30	10.86
林地/绿地	80.00	30.69	23.28	8.93	22.44	8.61	22.83	8.76	22.72	8.72
荒地/裸地	1.12	0.43	2.71	1.04	1.06	0.41	0.34	0.13	0.13	0.05
水域	62.17	23.85	49.20	18.88	43.40	16.65	36.22	13.90	30.20	11.59

由图 2—7 和表 2—4 可知：

（1）1991—2001 年，村镇/城市建设用地由 10.87％增加至 20.72％，年均增长率为 0.99％，城市化发展较为缓慢；农用地由 1991 年的 34.16％增加至 2001 年的 50.43％，成为流域主导用地类型；由于毁林开荒和围湖造田，林地/绿地和水域面积急剧减少。

（2）2001—2011 年，村镇/城市建设用地进一步增加，由 20.72％增加至 38.84％，年均增长率为 1.81％，远大于 1991—2001 年村镇/城市建设用地年均增长率，城市化发展迅速。2011 年，村镇/城市建设用地面积超出农田面积约 8.72km²，成为面积最大的地类，其增加区域主要集中在流域东北部和南部现有城镇周边。农用地面积开始减少，由 2001 年的 50.43％减少至 2011 年的 35.49％。林地/绿地、荒地/裸地和水域面积呈减少趋势，减幅较小。

（3）预测未来 20 年各地类变化趋势与 2001—2011 年一致。2020 年村镇/城市建设用地面积比例增长至 58.13％，将成为流域主导用地类型。

2.1.5 CA 模型模拟精度验证

汤逊湖流域处于快速城市化进程中。汤逊湖流 2011 年土地利用现状及模拟结果见图 5。通过对比 2011 年流域土地利用现状（彩图 5a）和预测结果（彩图 5b），计算出本次 CA 模拟的 Kappa 系数，计算矩阵见表 2—4。

表 2—4 CA 模拟 Kappa 系数及混淆矩阵 （km²）

	村镇/城市建设用地	农用地	林地/绿地	荒地/裸地	水域	实际值
村镇/城市建设用地	66384	36109	4675	676	4634	112478
农用地	45509	51287	4038	617	1335	102786
林地/绿地	3257	4626	16485	532	32	24932
荒地/裸地	154	456	165	399	0	1174
水域	8044	1375	504	4	38298	48225
模拟值	123348	93853	25867	2228	44299	289595
P_r	0.5968					
K_{hat}	0.4970					

当 Kappa 系数为 0.40～0.60 区间内，则表明模拟结果为"好"。本次模拟混淆矩阵的 Khat 值为 0.4970，介于 0.40～0.60 之间，表明模拟结果满足精度要求。

2.2 基于土地利用程度变化模型的城市化过程评估

2.2.1 土地利用程度变化模型

土地利用程度变化模型用于定量揭示区域内土地利用程度、变化过程和发展趋势。土地利用程度反映土地利用的深度和广度,包括土地本身的自然属性以及自然环境和人类活动等因素对土地利用的综合效应(王秀兰等,1999)。本研究采用土地利用程度综合指数(I)、土地利用程度变化量(ΔI)和土地利用程度变化率(R_I)描述汤逊湖流域城市化水平。I、ΔI 和 R_I 计算分别见式(2.5)、式(2.6)和式(2.7)。

$$I = 100 \sum_{i=1}^{n}(A_i C_i) \tag{2.5}$$

式中,I 表示区域土地利用程度综合指数,$I \in [100, 400]$;A_i 表示第 i 级土地利用程度分级指数;C_i 表示第 i 级土地利用程度分级面积百分比;n 表示土地利用程度分级数。

$$\Delta I_{b-a} = 100 \times \left[\sum_{i=1}^{n} A_i \times C_{ib} - \sum_{i=1}^{n} A_i \times C_{ia} \right] \tag{2.6}$$

式中,L_a 和 L_b 分别表示 a 时刻和 b 时刻区域土地利用程度综合指数;C_{ia} 和 C_{ib} 分别表示 a 时刻和 b 时刻第 i 级土地利用程度分级面积百分比。

$$R_I = \frac{\sum_{i=1}^{n}(A_i \times C_{ib}) - \sum_{i=1}^{n}(A_i \times C_{ia})}{\sum_{i=1}^{n}(A_i \times C_{ia})} \tag{2.7}$$

I 越大表明土地利用综合程度越高;$\Delta I < 0$ 表示土地利用处于衰退期,$\Delta I = 0$ 表示土地利用处于调整期,$\Delta I > 0$ 表示该土地利用处于发展期。

土地利用分级指数见表 2—5。

表 2—5 土地利用分级赋值

分级指数	分级类型	对应的流域土地利用类型
1	未利用土地(包括未利用地或难利用地等)	荒地/裸地
2	林、草、水用地(包括绿地、草地和水域等)	林地/绿地
3	农用地(包括农田等)	农用地
4	城镇聚落用地(包括城镇用地、居民点用地和道路交通用地等)	村镇/城市建设用地

2.2.2 城市化过程变化分析

汤逊湖流域 1991—2030 年土地利用程度相关指数计算结果见表 2—6。

表 2—6　汤逊湖流域土地利用程度变化分析

	1991 年	2001 年	2011 年	2020 年	2030 年
C_1	0.43	1.04	0.41	0.13	0.05
C_2	109.09	55.62	50.52	45.31	40.61
C_3	102.47	151.29	106.48	57.26	32.58
C_4	43.47	82.88	155.36	232.51	275.15
I	255.46	290.83	312.77	335.21	348.39
ΔI	——	35.37	21.94	22.44	13.18
R_I	——	22.43%[1]		11.39%[2]	

注：[1] 表示 1991—2011 年土地利用程度变化率；[2] 表示 2011—2030 年土地利用程度变化率。

由表 2—6 可知：

(1)1991—2030 年汤逊湖流域土地利用程度综合指数 I 整体上呈增长趋势，I 由 1991 年的 255.46 增长至 2011 年的 312.77，至 2030 年 I 进一步增长至 348.39，结果表明 1991—2020 年流域土地利用程度越来越高，未来 20 年将继续处于快速城市化发展时期。

(2)1991—2030 年汤逊湖流域土地利用程度变化量 $\triangle I$ 均大于 0，结果表明流域土地利用处于发展期。

(3)过去 20 年(1991—2011 年)汤逊湖流域土地利用程度变化率 R_I 为 22.43%，未来 20 年(2011—2030 年)流域土地利用程度变化率为 11.39%，结果表明，未来 20 年流域城市化速度略小于过去 20 年。主要是由于随着汤逊湖流域土地利用程度不断提高，在有限的流域范围内城市化发展空间也越来越有限。

2.3　本章小结

运用 CA 模型和土地利用程度变化模型模拟汤逊湖流域城市化进程。1991—2001 年，村镇/城市建设用地由 10.87% 增加至 20.72%，年均增长率为 0.99%，城市化发展较为缓慢；农用地由 1991 年的 34.16% 增加至 2001 年的 50.43%，成为流域主导用地类型；由于毁林开荒和围湖造田，林地/绿地和水域面积急剧减少。2001—2011 年，村镇/城市建设用地进一步增加，由 20.72% 增加至 38.84%，年均增长率为 1.81%，城市化发展迅速，至 2011 年村镇/城市建设用地成为面积最大的地类；农用地面积开始减少，由 2001 年的 50.43% 减少至 2011 年的 35.49%；林地/绿地、荒地/裸地和水域面积呈减少趋势，减幅较小。预测未来 20 年各地类变化趋势与 2001—2011 年一致。2020 年村镇/城市建设用地面积比例增长至

58.13%,将成为流域主导用地类型。

1991—2030 年,汤逊湖流域土地利用程度综合指数 I 呈增长趋势,I 由 1991 年的 255.46 增长至 2011 年的 312.77,根据预测结果,2020 年和 2030 年 I 分别是 335.31 和 348.39,流域土地利用程度越来越高。每隔 10 年的土地利用程度变化量 ΔI 均大于 0,表明流域土地利用处于发展期。1991—2011 年、2011—2030 年两个时间段的流域土地利用程度变化率 R_I 分别是 22.43% 和 11.39%,表明未来 20 年流域城市化速度略小于过去 20 年。主要是随着汤逊湖流域土地利用程度不断提高,在有限的流域范围内城市化发展空间也越来越有限。

参 考 文 献

[1] Bhaduri B，Harbor J，Engel B，et al. Assessing watershed－scale，long－term hydrologic impacts of land－use change using a GIS－NPS model [J]. Environmental management，2000，26(6):643－58.

[2] Zampella RA. Characterization of surface water quality along a watershed disturbance gradient1. Journal of the American Water Resources Association，1994，30(4):605－611.

[3] 陈春. 健康城镇化发展研究 [J]. 国土与自然资源研究，2008，0(4):7－9.

[4] 陈玲. 土地利用更新调查中遥感图像分类的方法和精度对比的研究[D]. 太原理工大学；2010.

[5] 郭旭东，陈利顶，傅伯杰. 土地利用/土地覆被变化对区域生态环境的影响 [J]. 环境科学进展，1999，7(6):66－75.

[6] 刘建国，刘宇. 中国城市化质量的省际差异及其影响因素 [J]. 现代城市研究，2012，27(11):49－55.

[7] 王秀兰，包玉海. 土地利用动态变化研究方法探讨 [J]. 地理科学进展，1999，18(1):81－87.

[8] 肖伟华，秦大庸，李玮，等. 基于基尼系数的湖泊流域分区水污染物总量分配 [J]. 环境科学学报，2009，29(8):1765－1771.

[9] 杨柳，马克明，郭青海，等. 城市化对水体非点源污染的影响 [J]. 环境科学，2004，6:32－39.

[10] 余晖. 我国城市化质量问题的反思 [J]. 开放导报，2010，0(1):96－100.

[11] 周伟林. 中国城市化：内生机制和深层挑战 [J]. 城市发展研究，2012，19(11).

第 3 章

城乡交错带典型流域面源污染负荷模拟

位于城乡交错带的汤逊湖流域面源污染同时具有农业面源和城市面源特征,且两种面源在流域内交叉并存。传统的面源污染研究以单一面源污染研究为主,对于复杂面源往往简化成单一面源形式来模拟或人为地、简单地划分农业面源和城市面源边界,因此导致模拟结果存在一定误差。此外,由于现有的模型主要以面源污染负荷现状模拟为主,面源污染负荷预测局限于污染负荷量的定量预测,关于面源污染负荷的时空变化预测研究较少。

本章的研究目的是,首先,解决城乡交错带复杂面源污染负荷的时空变化模拟问题;其次,为复杂面源污染影响因素分析提供基础数据;再次,为复杂面源污染控制 BMPs 体系的构建提供依据。

本章的研究内容是,基于农业面源模型、城市面源模型和城市化模型耦合,构建适合复杂面源的污染负荷估算模型(CA—AUNPS 模型);基于 CA—AUNPS 模型模拟汤逊湖流域面源污染负荷的时空变化,验证模型精度,并分析流域复杂面源污染特征。

选择 TN 和 TP 作为研究指标,1991 年、2001 年和 2011 年作为基础年份,2020 年和 2030 年作为预测年份,依据是:(1)氮和磷是引起水体富营养化的关键元素,《国家环境保护"十二五"规划》提出在已富营养化的湖泊水库应实施 TN 或 TP 排放总量控制,并明确指出巢湖和太湖等流域要削减 TN 和 TP 等污染负荷;(2)现有面源污染负荷长时序变化预测通常以 2030 年作为预测年份(Wang et al,2005;Wu et al,2012)。综上,本研究以 10 年为跨度来模拟汤逊湖流域 TN、TP 负荷。

SCS 和 USLE 分别是最常用的水文模型和土壤侵蚀模型,本章选择这两个模型来分别模拟流域径流量和土壤侵蚀量。农业面源模型选择污染物输出系数模型,原因如下:该模型符合流域农业面源污染特征(史志华等,2002);符合时间尺度要求。城市面源模型选择 L—THIA 模型,原因如下:L—THIA 能很好地与 GIS 结合,便于数据输入输出;所需数据简单,弥补研究过程中数据有限的问题;能有效评价土地利用变化对径流的长期影响,满足时间尺度要求(杨柳等,2006)。采用的主要模型见表 3—1。

表 3—1　采用的面源污染模型

序号	模型	模拟对象
1	RUSLE	土壤侵蚀量(A)
2	SCS 模型	径流量(Q)
3	二元结构污染物输出模型	农业径流中的污染负荷(L_a)
4	L—THIA 模型	城市径流中污染负荷(L_u)
5	CA—AUNPS 模型	复杂面源污染负荷(L_c)

3.1　基于 RUSLE 模型的土壤侵蚀量估算

　　土壤侵蚀是一种危害大、污染严重的面源污染（刘腊美，2009）。土壤侵蚀导致土壤中的营养物质随径流和泥沙排入地表水体，造成江河和湖泊水质恶化。

　　1997 年美国农业部自然资源保护局（NRCS）在通用土壤流失模型（universal soil loss equation，USLE）的基础上正式发布了修正的通用土壤流失方程（revised universal soil loss equation，RUSLE），改进后的 RUSLE 模型在国内外得到了广泛应用（Yoder et al，1995）。RUSLE 模型结构相对简单，参数易于获取，且综合考虑了土壤侵蚀的主要影响因素，能较为准确地模拟土壤侵蚀量。

　　本研究根据汤逊湖流域特点及数据获取条件确定 RUSLE 模型中各因子的算法。

3.1.1　RUSLE 模型

RUSLE 模型表达式见式（3.1）。

$$A = R \times K \times LS \times C \times P \tag{3.1}$$

式中，A 为年均土壤侵蚀量，t/(hm² · a)；R 为降雨侵蚀力因子，MJ · mm/(hm² · h · a)；K 为土壤可蚀性因子，t · hm² · h/(hm² · MJ · mm)；LS 为坡长坡度因子，无量纲；C 为土地覆盖与管理因子，无量纲；P 为水土保持措施因子，无量纲。

　　（1）R 因子

　　R 因子主要反映降雨径流对土壤侵蚀的影响。随着 USLE 的广泛应用，各国学者相继提出了各种 R 值计算方法，但在实际应用中，往往缺乏详细的降雨资料。由于年降雨量和月降雨量数据易于获取，因此常被用于估算 R 值，具有代表性的应用是 Wischmeier 经验公式，见式（3.2）。

$$R = \sum_{i=1}^{12} 1.735 \times 10^{\left[\left(1.5 \times \lg \frac{p_i^2}{p}\right) - 0.8188\right]} \tag{3.2}$$

式中，p_i 为月均降雨量，mm；p 为年均降雨量，mm。

　　（2）K 因子

　　土壤可侵蚀因子反映不同土壤类型抵抗侵蚀的能力。由于土壤的区域差异，通过野外小区实验来测定 K 值存在一定困难。常用的 K 值计算方法主要是由 Wischmeier 等提出的诺谟公式和经 Williams 等修正的 EPIC 模型（Williams et al，1983）。在资料有限时，通常采用 RUSLE 推荐的 K 值计算方法，表达式见式（3.3）（史志华等，2002）。

$$K = 7.594 \times \left\{ 0.0034 + 0.0405 \times \exp\left[-0.5 \times \left(\frac{\log D_g + 1.659}{0.7101} \right)^2 \right] \right\} \tag{3.3}$$

式中，D_g 为土壤颗粒几何平均直径，mm，其表达式见式（3.4）。

$$D_g = -\exp(0.01 \sum f_i \times \ln m_i) \tag{3.4}$$

式中，f_i 为第 i 级土壤粒径含量，%；m_i 为第 i 级土壤粒径平均值，mm。

本研究直接参考汉江中下游面源污染负荷计算过程中的 K 值，见表 3-2（沈虹等，2010）。汤逊湖流域为红壤，故 K 值为 0.299。

表 3-2   土壤可蚀性因子 K 值

土地利用类型	潮土	黄棕壤	棕壤	砖红壤	红壤	漂灰土	磷质石灰土	沼泽土	石灰土
K	0.344	0.297	0.291	0.279	0.299	0.278	0.298	0.306	0.294

（3）LS 因子

坡长（L）和坡度（S）因子往往作为一个独立因子 LS 来综合反映地形对土壤侵蚀的影响。LS 是 RUSLE 模型中最重要的因子之一。本研究采用王宁等提出的地形因子估算方法计算 LS，表达式见式（3.5）（王宁等，2002）。

$$LS = (\frac{l}{22.13})^m (0.085 + 0.045\theta + 0.0025\theta^2) \qquad (3.5)$$

$$m = \begin{cases} 0.30 & \theta \geqslant 22.5° \\ 0.25 & 17.5° \leqslant \theta < 22.5° \\ 0.20 & 12.5° \leqslant \theta < 17.5° \\ 0.15 & 7.5° \leqslant \theta < 12.5° \\ 0.10 & \theta < 7.5° \end{cases} \qquad (3.6)$$

式中，LS 为坡度坡长因子，无量纲；l 为坡长，m；θ 为坡度，°；m 为坡长指数，其值与坡度相关。

坡长 l 的表达式见式（3.7）。

$$l_i = \sum_1^i (D_i/\cos\theta_i) - \sum_1^{i-1} (D_i/\cos\theta_i) = D_i/\cos\theta_i \qquad (3.7)$$

式中，l_i 为元胞坡长，m；D_i 为沿径流方向元胞坡长的水平投影距（在栅格图像中为相邻两个元胞的中心距，随方向而异）；θ_i 为每个元胞的坡度，°；i 为自山脊元胞至待求元胞个数。

在 ArcGIS10.0 中通过中心元胞的 8 个邻域元胞编码来指代流向，当从中心元胞流向 1、4、16、64 时，距离值为元胞大小 d；流向为 2、8、32、128 时，距离值为 $\sqrt{2}d$。邻域元胞编码见图 3-1。

32	64	128
16		1
8	4	2

图 3-1   邻域元胞编码

汤逊湖流域地形因子以 DEM 数据为基础来提取。在 ArcGIS10.0 中，用"Fill"功能对 DEM 数据进行填洼处理，消除因中心元胞高程值低于周围高程值造成流向无法判别的影响，使水流路径畅通；运用"Slope"功能直接计算坡度因子，如果坡度值为 0，则将其赋值 0.1，以确保相邻栅格的联系性。LS 因子计算运用"Map Algebra"的"Raster Calculator"功能、输入运算函数求得。

（4）C 因子

土壤覆盖和管理因子 C 反映植被覆盖和耕作管理等对土壤侵蚀的影响。当植被覆盖率高、耕作管理措施有效时,土壤侵蚀量较小,C 值较小;反之,则 C 值较大。

C 值采用蔡崇法等建立的回归方程计算（蔡崇法等,2000）,表达式见式（3.8）。

$$C=\begin{cases} 1, & l_c=0 \\ 0.6508-0.3436\times\lg lc, & 0<l_c\leqslant78.3\% \\ 0, & l_c>78.3\% \end{cases} \quad (3.8)$$

式中,C 为作物管理因子,取值范围为 0～1；l_c 为植被覆盖度。当植被覆盖率为 0,即土地裸露时,C 值为 1；当植被覆盖率大于 78.3% 时,地表土壤受到植被保护,几乎不发生土壤侵蚀,C 值为 0。

植被覆盖度 l_c 值的表达式见式（3.9）（史志华等,2002）。

$$lc=\begin{cases} 0, & -1\leqslant NDVI\leqslant-0.0675 \\ \dfrac{NDVI+0.0675}{0.47}, & -0.0675<NDVI\leqslant0.4025 \\ 1, & 0.4025<NDVI\leqslant1 \end{cases} \quad (3.9)$$

式中,l_c 为植被覆盖度；NDVI 为归一化植被指数。

归一化差异植被指数 NDVI 估算见式（3.10）。

$$NDVI=\frac{(NIR-RED)}{(NIR+RED)} \quad (3.10)$$

式中,NIR 为近红外波段,为 TM/ETM 影像中的 4 波段；RED 为红光波段,为 TM/ETM 影像中的 3 波段。

（5）P 因子

水土保持因子反映特定的保护措施对土壤侵蚀的影响。P 值可通过野外小区试验测得,但成本较高、耗时较长。在模拟大中尺度流域的土壤侵蚀量时,通常基于实地调查结果采用土地赋值法确定不同土地利用类型的 P 值,该方法能较准确地反映特定流域的水土保持状况。该研究 P 因子参考汉江中下游相关研究数据确定（沈虹等,2010）,不同土地利用类型的 P 因子取值见表 3-3。

表 3-3　水土保持因子 P 值

土地利用类型	村镇/城市建设用地	农用地	林地/绿地	荒地/裸地	水域
P	0.35	0.30	0.45	1.00	0.00

3.1.2　RUSLE 模型模拟步骤

（1）利用逐月、逐年降雨数据计算 R 值。

（2）根据土壤类型确定汤逊湖流域 K 值。

（3）基于 DEM 数据，首先运用 ArcGIS10.0 中的"Slope"功能提取坡度图层，然后运用"Raster calculator"工具计算 LS，得到 LS 图层。

（4）基于 1991—2011 年 TM 和 ETM＋遥感数据、运用 ENVI 生成 NDVI 图层，计算 C，得到 1991—2011 年 C 图层。

（5）根据 2011 年不同土地利用类型的 C 均值，近似作为 2020 年和 2030 年的 C 值，运用 ArcGIS10.0 中的"reclassify"功能进行空间赋值，得到 2020 年和 2030 年 C 图层。

（6）根据汤逊湖流域特点，确定不同土地利用类型的 P 值，运用 ArcGIS10.0 中的"re-classify"功能进行空间赋值，得到 P 图层。

（7）基于式（3.1）计算土壤侵蚀量 A，得到 A 图层。

3.1.3　RUSLE 模型模拟数据来源与预处理

（1）地形数据

汤逊湖流域坡度分布由 2011 年 DEM 数据衍生得到，流域平均坡度为 2.52°，其中 79.25％的区域坡度小于 5°，4.66％的区域坡度大于 10°，坡度较大区域主要集中在西南部的林地上。由于流域坡度年际变化不大，故 2020 年和 2030 年坡度近似参考 2011 年 DEM 数据确定。流域坡度和 LS 因子计算结果见图 3—2。

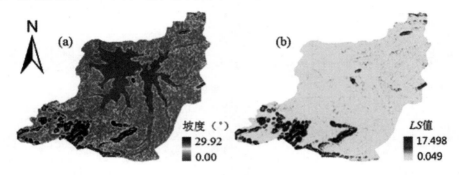

图 3—2　汤逊湖流域坡度及 LS 因子空间分布图
(a)坡度；(b)LS 因子

（2）土壤数据

流域土壤类型及土壤中颗粒态污染物含量来源于中国科学院南京土壤研究所提供的中国土壤数据库和湖北省土种志。

（3）降雨量数据

从中国气象科学数据共享网收集到邻近研究区域武汉站（http://cdc.cma.gov.cn/home.do，代号：57494）1991—2011 年逐日、逐月降雨量数据。过去 20 年汤逊湖流域年均降雨量为 1271.7mm，年降雨量为最高值和最低值分别出现在 1991 年（1795.2mm）和 2001 年（899.8mm）。1991—2011 年的月降雨量数据见图 3—3 和表 3—4。

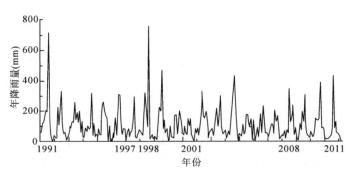

图 3－3　汤逊湖流域 1991—2011 年月降雨量分布图

表 3－4　武汉站 1991—2011 年逐月降雨量　　　　　　　　　　(mm)

月份 年份	1月	2月	3月	4月	5月	6月	7月	8月	9月	10月	11月	12月	年降雨量
1991	53.8	115.4	126.0	171.0	212.0	192.9	720.3	115.0	35.5	5.2	2.3	45.8	1795.2
1992	19.9	29.9	225.0	105.3	144.5	334.1	93.3	43.6	61.8	9.6	15.5	33.9	1116.4
1993	101	89.4	131.1	127.1	258.9	138.4	193.4	119.1	204.1	61.6	132.9	27.6	1584.6
1994	24.1	92.5	66.3	105.5	81.6	91.8	318.8	38.6	119.7	27.5	47.8	31.3	1045.5
1995	83.1	43.4	42.1	204.6	262	222.8	168.5	153.7	3.0	106.6	0.2	6.1	1296.3
1996	58.0	15.8	154.4	35.9	114.3	312.1	305.2	109.9	40.7	88.2	82.9	2.1	1319.5
1997	56.1	85.9	27.6	64.3	70.0	104.6	294.1	29.6	21.7	48.0	79.1	65.5	946.6
1998	60.8	41.3	124.0	319.3	194.5	95.0	758.4	14.5	25.5	48.5	13.7	33.7	1729.2
1999	25.9	8.4	64.2	229.2	197.5	469.1	77.8	143.2	51.3	86.2	27.4	0.0	1380.6
2000	107.7	28.6	28.5	22.9	170.9	178.7	44.7	150.1	201.6	149.9	56.7	39.5	1179.8
2001	106.9	57.2	43.1	150.8	100.4	152.6	39.6	22.2	1.0	86.7	50.4	88.9	899.8
2002	34.5	93.4	154.5	333.6	165.7	153.3	204.8	147.1	20.6	58.7	61.2	88.7	1516.1
2003	36.5	98.1	127.8	224.5	97.5	195.7	301.7	93.9	48.1	61.2	79.5	21.0	1386.1
2004	53.5	72.0	40.2	126.0	170.7	322.9	435.7	199.7	53.9	1.3	53.8	42.5	1572.2
2005	32.9	110.6	46.6	65.9	176.9	179.5	108.6	93.0	150	8.3	143.4	1.2	1116.6
2006	48.4	89.4	23.9	126.6	184.0	53.2	235.7	107.1	49	58.0	48.0	23.8	1047.1
2007	65.8	114.2	108.7	50.3	205.2	126.6	176.5	62.3	14.6	25.7	40.8	32.5	1023.2
2008	72.4	20.7	79.0	54.3	344.2	129.4	148.1	240.7	40.8	92.5	39.1	5.6	1266.8
2009	18.5	122.9	69.7	197.7	132.1	306.7	95.9	38.8	41.8	23.9	67.7	42.3	1158.0
2010	28.5	49.5	150.6	140.3	138.7	152.7	389.7	83.6	91.0	83.5	14.6	15.2	1337.9
2011	15.6	19.2	32.1	36.2	76.5	433.9	89.4	133.1	59.4	51.5	33.8	5.5	987.2
均值	52.6	66.6	88.8	137.7	166.6	207.0	247.6	101.9	63.6	56.3	52.0	31.1	1271.7

　　由图 3－3 和表 3－4 可知,过去 20 年汤逊湖流域降雨量年际变化整体呈波动变化,其中,最大年降雨量 1795.2mm(1991 年)约是最小年降雨量 899.8mm(2001 年)的 2 倍。利用汤逊湖流域 1991—2011 年的逐月降雨量数据,采用式(3.2)计算 R。通过计算得出,汤逊湖

流域 1991—2011 年的年降雨侵蚀力 R 为 197.95 MJ·mm/(hm²·h·a)。

由于汤逊湖流域降雨量数据年际存在一定的波动变化,该研究通过对该流域过去 21 年的年降雨量数据进行频率分析,确定标准年,并进一步以标准年的逐日降雨量数据近似作为 2020 年和 2030 年面源污染负荷模拟的降雨量数据输入条件。降雨量频率分布见图 3—4。

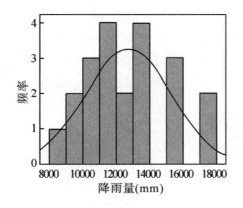

注:均值=1271.7mm,标准偏差=2570.399,N=21

图 3—4 年降雨量频率分布图

本研究运用 SPSS17.0 中的"频率"描述统计功能对 21 个有效输入变量进行频率分析得出:均值和中值分别是 1271.7mm 和 1266.8mm,极小值和极大值分别是 899.8mm 和 1795.2mm,各值出现频率均为 1,无众数;偏度为 0.515,偏度标准误差为 0.501,峰度为 −0.603,峰度的标准误差为 0.972,近似呈正态分布。频率分析方法结果见表 3—5。

表 3—5 汤逊湖流域 1991—2011 年年降雨量频率分析结果

年份	降雨量(mm)	频率	累计百分比(%)	年份	降雨量(mm)	频率	累计百分比(%)
2001	899.8	1	4.8	1995	1296.3	1	57.1
1997	946.6	1	9.5	1996	1319.5	1	61.9
2011	987.2	1	14.3	2010	1337.9	1	66.7
2007	1023.2	1	19.0	1999	1380.6	1	71.4
1994	1045.5	1	23.8	2003	1386.1	1	76.2
2006	1047.1	1	28.6	2002	1516.1	1	81.0
1992	1116.4	1	33.3	2004	1572.2	1	85.7
2005	1116.6	1	38.1	1993	1584.6	1	90.5
2009	1158.0	1	42.9	1998	1729.2	1	95.2
2000	1179.8	1	47.6	1991	1795.2	1	100.0
2008	1266.8	1	52.4				

由表 3—5 可知:通过对 1991—2011 年年降雨量进行频率分析,具有代表性的枯水年(6%~10%)、标准年(47.5%~52.5%)和丰水年(91%~95%)分别是 1997 年(946.6mm)、

2008 年(1266.8mm)和 1998 年(1729.2mm)。本研究近似以标准年(2008 年)的逐日降雨量数据作为输入条件来预测 2020 年、2030 年的面源污染负荷。

（4）植被覆盖率及 C 因子图层

根据汤逊湖流域不同年份的 ETM＋数据在 ENVI 中计算出 $NDVI$，然后运用 Arc-GIS10.0 中的"Raster Calculator"功能、分别输入条件语句"con([$NDVI$] <= -0.0675, 0,con([$NDVI$] > 0.4025,0,([$NDVI$] + 0.0675) / 0.47))"和"con([c] == 0,1,con([c] >= 0.783,0,0.6508 - 0.3436 * Log10([c] * 100)))"模拟出汤逊湖流域 1991—2011 年作物管理因子 C。1991—2011 年 $NDVI$ 和 C 因子空间分布分别见图 3—5 和图 3—6。

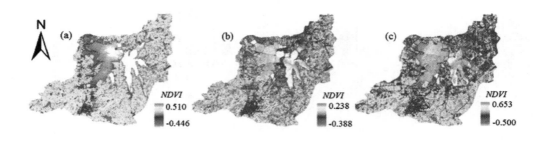

图 3—5　1991—2011 年汤逊湖流域 $NDVI$ 空间分布图
(a)1991 年；(b)2001 年；(c)2011 年

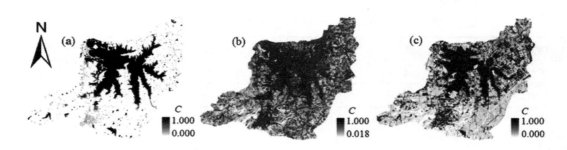

图 3—6　汤逊湖流域 1991—2011 年 C 因子空间分布图
(a)1991 年；(b)2001 年；(c)2011 年

由于 2020 年和 2030 年的植被覆盖率无法获取，该研究运用 ArcGIS10.0 的空间分析方法获取 2011 年不同土地利用类型的 C 因子均值，并以此近似作为 2020 年和 2030 年各土地利用类型的 C 值，见表 3—6。2020 年和 2030 年的 C 值空间分布见图 3—7。

表 3—6　汤逊湖流域 2011 年不同用地类型的 C 值

土地利用类型	村镇/城市建设用地	农田	林地/绿地	荒地/裸地	水域
C 值	0.67	0.18	0.08	0.90	1.00

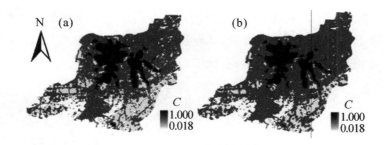

图 3—7　2020 年和 2030 年汤逊湖流域 C 因子空间分布图
(a)2020 年；(b)2030 年

(5)P 因子图层

通过空间赋值,得到 1991—2030 年 P 值空间分布见图 3—8。

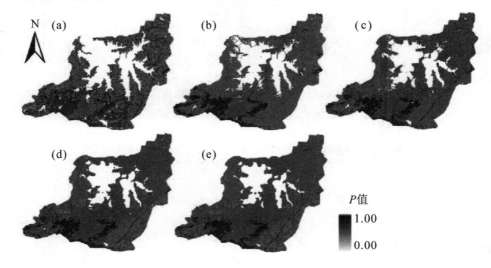

图 3—8　汤逊湖流域 1991—2030 年 P 因子分布图
(a)1991 年；(b)2001 年；(c)2011 年；(d)2020 年；(e)2030 年

3.1.4　土壤侵蚀量时空变化分析

汤逊湖流域 1991—2030 年土壤侵蚀量 A 空间分布见图 3—9。

各年 A 值按微度侵蚀(<5)、轻度侵蚀(5~25)、中度侵蚀(25~50)、强度侵蚀(50~80)、极强度侵蚀(80~150)和剧烈侵蚀(>150)6 个等级分别统计土壤侵蚀情况,统计结果见表 3—7。

由表 3—7 可知:汤逊湖流域 1991—2030 年年平均土壤侵蚀量 A 分别是 0.13t/(hm² · a)、3.01t/(hm² · a)、1.69t/(hm² · a)、2.01t/(hm² · a)和 2.28t/(hm² · a),其中,1991 年土壤侵蚀量最小,2001 年土壤侵蚀量最大。流域整体侵蚀强度较低,绝大部分的地区为微度侵蚀,土壤侵蚀量较高地区主要分布在南部林地和荒地/裸地上。主要原因在于,汤逊湖流域长期降水量和土壤性质等因子变化不大,侵蚀量主要取决于地形因子(如坡度)、地表植被覆盖和水土保持措施等因素,村镇/城市建设用地与农用地主要分布在地势平坦地区,故侵蚀量相对较小;南部林地主要由于坡度较大,导致侵蚀量相对大;荒地/裸地地表植被覆盖较少、水土保持措施较差,导致土壤易受雨水侵蚀。

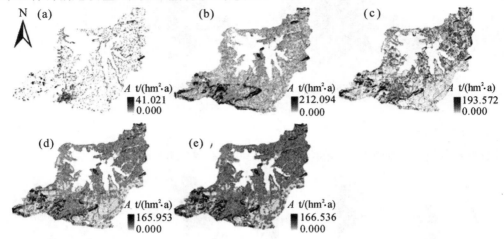

图 3—9　汤逊湖流域 1991—2030 年土壤侵蚀量 A 空间分布图
(a)1991 年;(b)2001 年;(c)2011 年;(d)2020 年;(e)2030 年

表 3—7　汤逊湖流域 1991—2030 年土壤侵蚀量 A 值统计结果

年份	1991	2001	2011	2020	2030
$A\,[t/(hm^2 \cdot a)]$	0.13 (0~41.02)	3.01 (0~212.09)	1.69 (0~193.57)	2.01 (0~165.95)	2.28 (0~193.57)
微度侵蚀(%)	99.63	88.25	94.16	95.91	95.25
轻度侵蚀(%)	0.37	10.76	5.57	3.85	4.65
中度侵蚀(%)	0.002 8	0.66	0.15	0.13	0.074
强度侵蚀(%)	0.00	0.21	0.068	0.069	0.012
极强度侵蚀(%)	0.00	0.11	0.054	0.031	0.012
剧烈侵蚀(%)	0.00	0.004 5	0.001 7	0.000 35	0.001 4

3.2　基于 SCS 模型的降雨径流量估算

3.2.1　SCS 模型

暴雨径流是污染面最大、随机性最强的污染来源。SCS 模型是 20 世纪 50 年代由美国土壤保持局提出的小型集水区径流模型。由于该模型简单易行、参数输入较少,且对观测数据要求较低,被广泛用于估算径流量。

SCS 模型的建立基于一个水平衡方程和两个假设,其中,两个假设分别指比例相等假设和初损－潜在入渗量关系假设(沈涛等,2007)。

水平衡是指在一次降雨后整个流域的水量存在平衡,水平衡方程见式(3.11)。

$$P=I_a+F+Q \tag{3.11}$$

式中,P 为一次降雨量,mm;I_a 为初损,即径流开始前的损失率,主要包括植物截留、蒸发、填洼和下渗等,mm;F 为后损,即径流开始后的损失量,主要为实际入渗量,mm;Q 为实际径流量,mm。

比例相等假设见式(3.12)。

$$\frac{Q}{Q_m}=\frac{F}{S} \tag{3.12}$$

式中,S 为潜在入渗量或最大可能入渗量,mm;Q_m 为潜在径流量,即降雨量与初损的差值($P-I_a$),mm。

初损－潜在入渗量关系假设见式(3.13)。

$$I_a=\lambda \times S \tag{3.13}$$

式中,λ 为区域参数,主要取决于地理和气候因子,美国土壤保持局认为 λ 取 0.2 较为合适。

假设初损未满足时不产流,则由式(3.11)、式(3.12)和式(3.13)可推导出式(3.14)。

$$Q=\begin{cases} \dfrac{(P-0.2S)^2}{(P+0.8S)}, & P \geqslant 0.2S \\ 0, & P < 0.2S \end{cases} \tag{3.14}$$

S 表达式见式(3.15)。

$$S=\frac{25\ 400}{CN}-254 \tag{3.15}$$

式中,CN 为 CN 值,反映降雨－径流关系,无量纲。

CN 是 SCS 模型的主要参数,与土壤类型、土壤前期湿度及土地利用情况等因素相关,理论取值区间为 0~100,实际取值区间通常为 30~100。根据土壤特征,美国土壤保持局将土壤分为 A(透水)、B(较透水)、C(较不透水)、D(接近不透水)四种类型,并由此来确定平均湿润程度下的 CN 值,见表 3－8。

表 3－8　美国土壤保持局划分的土壤类型

土壤类型	土壤质地	径流特点	渗透系数(cm/h)
A	沙土、砾石	高渗透无径流	7.26~11.43
B	粉沙壤土	中等渗透少径流	3.81~7.26
C	沙土	少渗透中等径流	1.27~3.81
D	黏土	低渗透高径流	0~1.27

由于临前降雨导致的土壤湿度变化会对径流模拟产生较大影响,故美国水土保持局在

统计大量土壤资料的基础上引入前期降水指数(Antecedent Moisture Condition，*AMC*)，用于对 *CN* 值进行相应的校正。一般采用前 5 日降雨量来分析此次降雨的土壤湿润程度，*AMC* 计算见式(3.16)。

$$AMC = \sum_{i=1}^{5} P_i \tag{3.16}$$

式中，P_i 为前 5 日累计降雨量，mm。

AMC 等级划分见表 3—9。

表 3—9　*AMC* 等级划分

AMC 等级	土壤水分状况	次降雨前 5 日降雨量(mm)	
		植物休眠期	植物生长期
Ⅰ	干燥	<13	<36
Ⅱ	中等	13～28	36～53
Ⅲ	湿润	>28	>53

AMC Ⅰ 和 *AMC* Ⅲ 条件下的 *CN* 值可分别通过式(3.17)和式(3.18)进行修正：

$$CN_1 = \frac{4.2CN_2}{10 - 0.058CN_2} \tag{3.17}$$

$$CN_3 = \frac{23CN_2}{10 + 0.13CN_2} \tag{3.18}$$

式中，CN_1、CN_2 和 CN_3 分别为 *AMC* Ⅰ、*AMC* Ⅱ 和 *AMC* Ⅲ 条件下的 *CN* 值。

3.2.2　SCS 模型模拟步骤

(1)确定流域土壤类型。

(2)依据逐日降雨量数据计算 *AMC* 值，结合土壤和降雨等特征确定不同水分条件下的 *CN* 值。

(3)基于式(3.14)和式(3.15)计算日径流深 *Q*，再通过逐日累加得到年径流深 *Q*，通过 ArcGIS10.0 中的"reclassify"功能给不同土地利用类型赋值，得到 *Q* 图层。

3.2.3　SCS 模型模拟数据来源与预处理

(1)土壤类型的确定

汤逊湖流域主要土壤类型为红壤。母质为泥质砂岩，排水良好。按土壤破面从上到下依次是：Ap 层(0～17cm)，为黏壤土，碎粒或小块结构，土质疏松，具有轻度黏着性与可塑性，多孔细孔，且根系较多；Bt$_1$ 层(17～70cm)，为黏土，拟核状结构，具有中度黏着性与可塑性，多孔细孔，且根系较少；Bt$_2$ 层(70～150cm)，为黏土，拟核状结构，具有强度黏着性和可塑性(李学垣，1987)。土壤侵蚀主要发生在 Ap 和 Bt$_1$ 层，依据 0～70cm 层的土壤特征确定汤逊湖流域土壤类型为 *D* 类。

（2）降雨量

土壤侵蚀量 A 和降雨径流量 Q 主要与降雨量、土地利用类型和坡度等因素相关。

（3）CN 值的确定

参照汉阳和汉江中下游地区面源污染负荷的相关研究（史志华等，2002；杨柳等，2006），结合汤逊湖流域土地利用类型及土壤类型确定 CN_2 值，并进一步依据式（3.17）和式（3.18）分别计算 CN_1 和 CN_3。汤逊湖流域不同土地利用类型的 CN 值见表3—10。

表3—10　汤逊湖流域不同土地利用类型的 CN 值

N 值 ＼ 土地利用类型	村镇/城市建设用地	农用地	林地/绿地	荒地/裸地
CN_1	83	70	61	81
CN_2	92	85	79	91
CN_3	96	93	90	96

注：水域不参与计算。

利用武汉站1991—2011年的逐日降雨量数据来计算年径流深 Q。首先，分别以1991—2011年的前5日降雨量计算前期降水指数 AMC，以此确定单次降水的土壤前期湿润程度；然后，根据 AMC 等级划分表对 CN 值进行修正，得到不同用地类型单次降水的 CN 值。分别将1991年、2001年和2011年的逐日降雨量数据代入式（3.14）计算得出不同年份下各土地利用类型的日径流深，再逐日累加计算年径流深。

3.2.4　径流量变化分析

1991—2030年不同土地利用类型的年径流深见表3—11。

表3—11　汤逊湖流域1991—2030年不同土地利用类型年径流深

年份 ＼ 土地利用类型	村镇/城市建设用地（mm）	农用地（mm）	林地/绿地（mm）	荒地/裸地（mm）	降雨量（mm）
1991	703.64	408.92	273.32	654.17	1795.2
2001	219.37	132.16	97.30	204.18	899.8
2011	315.62	196.44	143.54	293.16	987.2
2020	363.39	237.40	180.99	34363	363.39
2030	363.39	237.40	180.99	343.63	363.39

注：2020年和2030年径流计算参考标准年降雨量。

由表3—11可知：在同样降水条件下，不同土地利用类型的径流深从小到大依次是村镇/城市建设用地＞荒地/裸地＞农用地＞林地/绿地。主要原因在于，村镇/城市建设用地多为硬质地面，容易产生地表径流；林地/绿地植被覆盖率相对较大，叶面截留和腐殖质层吸收等因素导致产流较小。同时，1991年年径流深 Q 明显大于其他年份，主要是因为1991年降雨量为 1795.2mm,分别是 2001 年和 2011 年的 2.00 倍和 1.82 倍,降雨量越大,产生的径流量越大。

3.3　基于二元结构污染输出模型的农业模式面源污染负荷模拟

3.3.1　二元结构污染输出模型

农业面源污染负荷主要包括颗粒态和溶解态两部分,其中,颗粒态负荷是指由土壤侵蚀产生的泥沙携带进入受纳水体的污染物;溶解态负荷是指随径流直接进入受纳水体的水溶性污染物(沈虹等,2010)。由于两种污染负荷的产生和迁移过程不同,因此计算方法也不同,分别见式(3.19)和式(3.20)。

(1)颗粒态污染负荷

$$L_s = \alpha \times S_d \times \eta \times C_s \times A \tag{3.19}$$

式中,L_s 为颗粒态污染负荷,kg/(hm² · a);α 为换算系数,为 1000;S_d 为泥沙输移比,无量纲;η 为土壤污染物富集比,无量纲;C_s 为颗粒态污染物含量,%;A 为土壤流失量,t/(hm² · a)。

(2)溶解态污染物负荷

$$L_d = \beta \times C_d \times Q \tag{3.20}$$

式中,L_d 为径流中某种土地利用类型的溶解态污染负荷,kg/(hm² · a);β 为换算系数,为 0.01;C_d 为径流中某种土地利用类型的污染物浓度,mg/L;Q 为年径流深,mm。计算年污染负荷时,需要知道全年降雨径流中污染物的平均浓度。由于缺乏长期连续降雨监测数据,根据汤逊湖流域土地利用类型及土壤类型,C_d 值参考相邻区域已有面源污染研究数据确定。Q 由 SCS 模型计算得到。农业面源模式下的污染物负荷表达式见式(3.21)。

$$L_a = L_s + L_d \tag{3.21}$$

式中,L_a 为农业面源模式下的污染负荷,kg/(hm² · a)。

3.3.2　二元结构污染输出模型模拟步骤

(1)基于 USLE 计算土壤侵蚀量 A,得到 A 图层。

(2)在 ArcGIS10.0 中运用倒距离函数模拟泥沙输移比 S_d,得到 S_d 图层。

(3)运用污染物输出经验模型(3.19)、运用"raster calculator"功能计算颗粒态污染负荷 L_s,得到 L_s 图层。

(4)基于 SCS 模型计算不同土地利用类型的年径流量 Q,在 ArcGIS10.0 中运用"reclassify"功能进行空间赋值,得到 Q 图层。

(5)在 ArcGIS10.0 中运用"reclassify"功能分别将溶解态污染物浓度 C_d 赋值到不同的土地利用类型上,基于污染物输出经验模型(3.20)、运用"raster calculator"功能进一步计算溶解态污染负荷 L_d,得到 L_d 图层。

(6)在 ArcGIS10.0 中,运用"Raster Calculator"求和运算、按式(3.21)模拟农业面源污染负荷 L_a,得到 L_a 图层。

3.3.3 二元结构污染输出模型模拟数据来源与预处理

(1)A

A 因子由 USLE 模型计算得到。

(2)S_d

根据长江水利委员会的长期定位研究,长江流域 S_d 值介于 0.1~0.4(史志华等,2002),由于汤逊湖流域属于长江流域,流域内泥沙输移比也在此范围内。越靠近湖泊,S_d 值越大;反之,则 S_d 值越小。在 ArcGIS10.0 中按倒距离函数计算得到 S_d 空间分布,见图 3—10。

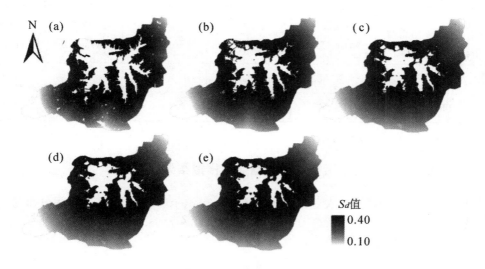

图 3—10 S_d 空间分布图

(a)1991 年;(b)2001 年;(c)2011 年;(d)2020 年;(e)2030 年

(3)η

土壤侵蚀形成的泥沙所携带的污染物含量大于降雨前表土中的污染物含量,这种现象即为泥沙富集过程(薛素玲,2006)。泥沙中的污染物含量与降雨前表土中污染物含量之比即为富集比 η。据研究,η 值介于 1~4,且多在 2 左右,因此汤逊湖流域 η 值近似取为 2。

(4)Q

径流深 Q 由 SCS 模型计算得到。

(5)污染物浓度值

农业面源的颗粒态污染物含量参照湖北省土种志,TN、TP 含量取值分别是 0.084% 和

0.048%；史志华等根据汉江中下游不同径流小区的不同施肥水平与径流中氮磷浓度关系的研究、并结合湖北农业统计数据得到径流中氮磷浓度值（史志华等，2002），见表3—12。

表3—12　溶解态污染物浓度 C_d 值范围

土地利用类型	TN（mg/L）	TP（mg/L）	土地利用类型	TN（mg/L）	TP（mg/L）
村镇	1.10～1.35	0.040～0.070	园地	2.00～4.50	0.200～0.300
荒地	0.25～0.45	0.020～0.025	林地	1.00～1.50	0.040～0.080
旱地	2.80～3.80	0.150～0.250	灌木地	0.80～1.20	0.040～0.080
水田	3.50～6.50	0.300～0.400	苗圃	3.00～4.00	0.150～0.250
菜地	4.00～5.00	0.250? 0.350	草地	2.60～3.50	0.200～0.300

由于地理位置接近，故该研究近似参考汉江中下游流域已有研究数据、并结合汤逊湖流域实际的农业耕作条件确定农业面源模式下溶解态污染物浓度 C_d 值，见表3—13。

表3—13　不同土地利用类型溶解态面源污染浓度

污染指标＼土地利用类型	村镇建设用地（mg/L）	农用地（mg/L）	林地（mg/L）	荒地（mg/L）	水域（mg/L）
TN	1.35	4.20	1.50	0.45	0.00
TP	0.07	0.28	0.09	0.03	0.00

注：农业面源区域农用地以旱地为主。

3.3.4　农业面源模式下污染负荷时空变化模拟结果

1991—2011年汤逊湖流域农业面源模式下（A—pattern）TN、TP负荷空间分布见图3—15。

3.4　基于 L—THIA 模型的城市模式污染负荷模拟

L—THIA 模型是基于 SCS 水文模型发展而来的，能够利用某区域长期的气候、土壤和土地利用数据进行模拟计算，得到该区域的多年平均径流深度、径流量分布和面源污染负荷，常用来反映土地利用变化的水文影响（沈涛等，2007）。

3.4.1　L—THIA 模型

L—THIA 模型计算流程见图3—11。

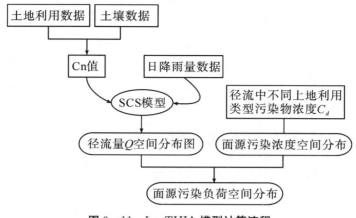

图 3—11　L—THIA 模型计算流程

3.4.2　L—THIA 模型模拟步骤

（1）基于 SCS 模型计算不同土地利用类型的年径流深 Q，在 ArcGIS10.0 中运用"reclassify"功能进行空间赋值，得到 Q 图层。

（2）在 ArcGIS10.0 中运用"reclassify"功能进行空间赋值，将城市径流中污染物浓度 C_u 赋值到不同的土地利用类型上，得到 C_u 图层。

（3）基于 L—THIA 模型模拟城市面源污染负荷 L_u，得到 L_u 图层。

3.4.3　L—THIA 模型模拟数据来源与预处理

（1）土地利用类型

根据遥感影像解译获取汤逊湖流域 1991 年、2001 年和 2011 年土地利用分类数据。

（2）降雨量数据

从中国气象科学数据共享网收集到邻近研究区域武汉站（http://cdc.cma.gov.cn/home.do，代号：57494）1991—2011 年逐日、逐月降雨量数据。

（3）城市面源浓度数据

在中国主要城市，径流中 TN、TP 浓度相对较高，如在北京，TN 和 TP 的 $EMCs$ 范围分别是 5～20mg/L、0.5～2mg/L（Zhang et al,2012）；在上海，TN 和 TP 浓度中值分别是 7.23mg/L、0.40mg/L（林莉峰等，2007）；在厦门，TN 平均浓度为 1.96～6.77mg/L、TP 平均浓度为 0.01～0.24mg/L（杨德敏等，2006）；在珠海地表径流污染物 TN 和 TP 平均浓度分别是 4.92～8.29mg/L、0.41～0.83mg/L（卓慕宁等，2003）；滇池流域城市降雨径流中 TN 和 TP 浓度分别是 4.53～9.73mg/L、0.24～1.07mg/L 等（黎巍等，2011）。该研究城市径流中面源污染物浓度参考不同地区城市面源污染物浓度特点及武汉市城市径流污染的相关研究（任玉芬等，2005；李立青等，2010），并结合汤逊湖流域土地利用特征综合确定。城市径流中不同土地利用类型污染物浓度 C_u 见表 3—14。

表 3—14　城市径流中不同土地利用类型的污染物浓度

土地利用分类　污染指标	城市建设用地（mg/L）	农用地（mg/L）	绿地（mg/L）	裸地（mg/L）	水域（mg/L）
TN	6.15	5.00	0.82	2.91	0.00
TP	0.60	0.35	0.23	0.29	0.00

注：城市面源区域农用地以菜地为主。

3.4.4　城市面源模式下污染负荷时空变化模拟结果

1991—2011 年汤逊湖流域城市面源模式下（U—pattern）TN、TP 负荷空间分布见图 3—16。

3.5　基于 CA—AUNPS 模型的复杂面源污染负荷模拟

3.5.1　CA—AUNPS 模型构建

3.5.1.1　基于倒距离函数的 AUNPS 模型

AUNPS 模型为农业和城市面源模型的耦合模型，耦合过程通过设置面源权重来实现。考虑到汤逊湖流域农业和城市面源的分布特点，本研究以元胞为分析单元、运用 GIS 空间分析技术中的重叠式邻域统计工具（Focal Neighborhoods）计算每一元胞隶属于农业面源或城市面源的权重值。重叠式邻域统计模式见图 3—12。

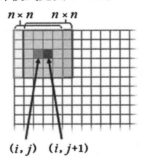

图 3—12　重叠式元胞统计模式

在邻域统计运算过程中，以元胞(i,j)的城市面源权重计算为例，首先取元胞(i,j)为中心元胞，并设置该元胞的 $n\times n$ 邻域作为统计单元；然后以 $n\times n$ 邻域中村镇/城市建设用地比例作近似为该元胞(i,j)隶属于城市面源的权重 $\mu_u(i,j)$。进一步计算下一个元胞$(i,j+1)$的 $\mu_u(i,j+1)$，并依次计算出整个流域的城市面源权重值分布 μ_u。元胞(i,j)的城市面源和农业面源权重表达式分别见式（3.22）和式（3.23）。

$$\mu_u(i,j)=\frac{m(i,j)}{n^2} \tag{3.22}$$

$$\mu_a(i,j)=1-\mu_u(i,j) \tag{3.23}$$

式中，$\mu_u(i,j)$ 为元胞 (i,j) 隶属于城市面源的权重，无量纲；$\mu_a(i,j)$ 为元胞 (i,j) 隶属于农业面源的权重，无量纲；$m(i,j)$ 为 $n\times n$ 邻域中属于建设用地的元胞数。该研究取 $0.1\ km^2$ 作为统计单元，元胞大小为 $30m\times30m$，故 n 为 11。根据遥感影像解译，汤逊湖流域林地/绿地和荒地/裸地主要分布在农业面源区域，水域不参与面源污染负荷估算，故在计算元胞的城市面源权重时，村镇/城市建设用地、农田、林地/绿地、荒地/裸地和水域分别赋值为 1、0、0、0、NoData。

　　根据表达式 (3.24)，运用 ArcGIS10.0 中的"raster calculator"计算功能模拟流域氮磷负荷的空间变化。

$$L_c(i,j)=L_a(i,j)\times\mu_a(i,j)+L_u(i,j)\times\mu_u(i,j) \tag{3.24}$$

式中，$L_c(i,j)$ 为耦合模式下元胞 (i,j) 的面源污染负荷，$kg\cdot hm^{-2}\cdot a^{-1}$。

3.5.1.2　基于城市化模型与面源污染模型耦合的 CA—AUNPS 模型

　　CA—AUNPS 模型由 CA 模型和 AUNPS 模型的耦合得到，其中，AUNPS 模型的 A、Q、C_s、C_d 和 C_u 等参数与土地利用类型相关。本研究以 CA 模型模拟的土地利用变化结果作为面源污染负荷模拟输入条件之一，实现 CA 模型与 AUNPS 模型的二次耦合，构建用于复杂面源污染负荷时空变化模拟的 CA—AUNPS 模型。

　　CA—AUNPS 模型耦合过程见图 3—13。

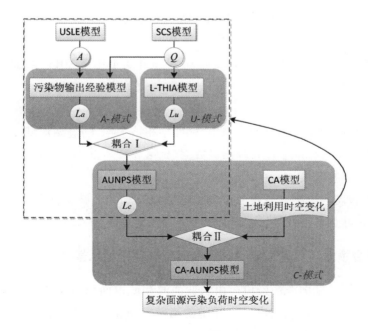

图 3—13　CA—AUNPS 模型耦合过程

3.5.2　CA－AUNPS 模型模拟步骤

（1）在 ERDAS9.2 中，对 1991 年、2001 年和 2011 年遥感影像数据进行监督分类，得到 3 个年份土地利用变化图层。

（2）基于 CA 模型模拟汤逊湖流域 2020 年和 2030 年土地利用变化，得到 2 个年份的土地利用变化图层。

（3）基于 ULSE 模型模拟 1991 年、2001 年和 2011 年土壤侵蚀量 A 得到 1991 年、2001 年和 2011 年 A 图层；近似参考 2011 年 DEM 数据和土壤数据，模拟 2020 年、2030 年土壤侵蚀量 A，得到 2020 年、2030 年 A 图层。

（4）基于 SCS 模型模拟 1991 年、2001 年和 2011 年不同土地利用类型的年径流深 Q，通过空间赋值得到 1991 年、2001 年和 2011 年 Q 图层；通过频率分析得出流域降雨频率分布，并近似以标准年逐日降雨量数据估算 2020 年、2030 年不同土地利用类型的年径流深 Q，通过空间赋值得到 2020 年、2030 年 Q 图层。

（5）运用 CA－AUNPS 模型模拟 1991－2030 年汤逊湖流域复杂面源污染负荷 L_u，得到 L_u 图层。

3.5.3　CA－AUNPS 模型模拟数据来源与预处理

（1）土地利用类型

汤逊湖流域 2020 年和 2030 年的土地利用变化运用 CA 模型模拟得到（见第 2 章）。

（2）土壤和地形数据

土壤和地形数据年际变化较小，2020 年和 2030 年近似参考 2011 年的土壤参数及 DEM 数据确定（见第 3 章）。

（3）降雨量数据

通过频率分析确定汤逊湖流域丰水年、标准年和枯水年，汤逊湖流域 2020 年和 2030 年的降雨量数据近似参考标准年逐日降雨量数据（见第 3 章 3.1.2）。

（4）径流中污染物浓度

农业面源颗粒态污染物含量参考中国土壤数据库和湖北省土种志确定，溶解态污染浓度见表 3－12；不同土地利用类型城市径流污染浓度见表 3－13。

3.5.4　耦合模式下复杂面源污染负荷时空变化模拟结果

在耦合模式下，复杂面源污染负荷由农业面源和城市面源污染特征及空间分布共同确定，通过邻域统计方式计算流域内各个元胞的面源权重空间分布见彩图 7（以 2011 年数据为例）。

由彩图 7 可知，面源权重值在 0～1 连续分布，区别于以往的非 0 即 1 的值，权重设置使面源权重值实现了定量化，方便计算的同时，使面源特征更符合实际情况。

1991—2030 年汤逊湖流域耦合模式下(C—pattern)TN、TP 负荷空间分布见图 3—16。

3.6 耦合模式下复杂面源污染负荷时空变化分析

3.6.1 TN、TP 负荷模拟结果分析

汤逊湖流域农业面源模式、城市面源模式和耦合模式下(C—pattern)的 TN、TP 负荷空间分布分别见图 3—14、图 3—15 和图 3—16。

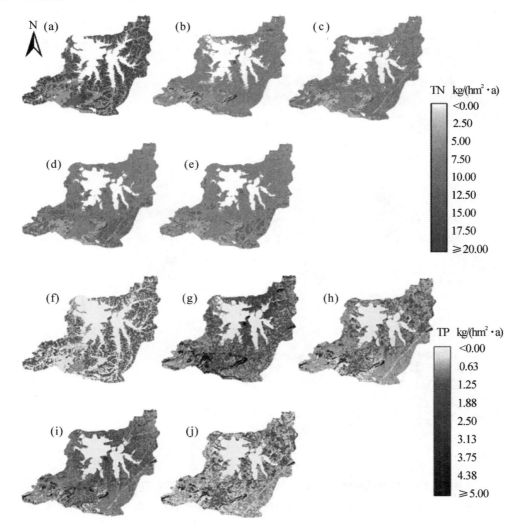

图 3—14　农业面源模式下汤逊湖流域 1991—2011 年 TN、TP 负荷模拟结果

(a—e)1991、2001、2011、2020 及 2030 年 TN 负荷;(f—j)1991、2001、2011、2020 及 2030 年 TP 负荷

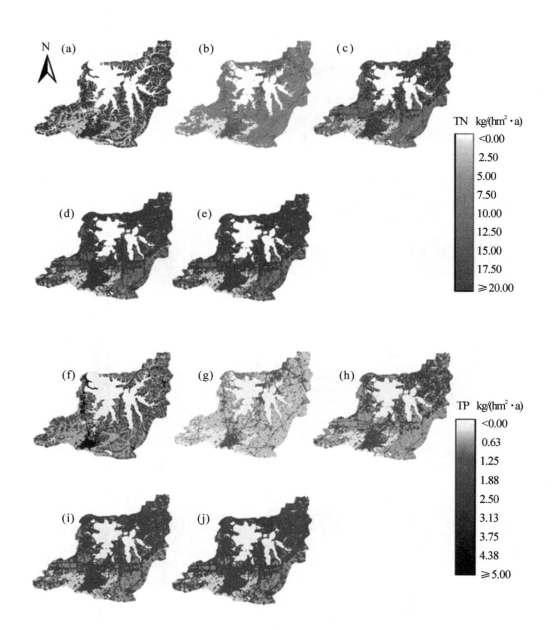

图 3—15 城市面源模式下汤逊湖流域 1991—2011 年 TN、TP 负荷模拟结果

(a—e)1991、2001、2011、2020 及 2030 年 TN 负荷;(f—j)1991、2001、2011、2020 及 2030 年 TP 负荷

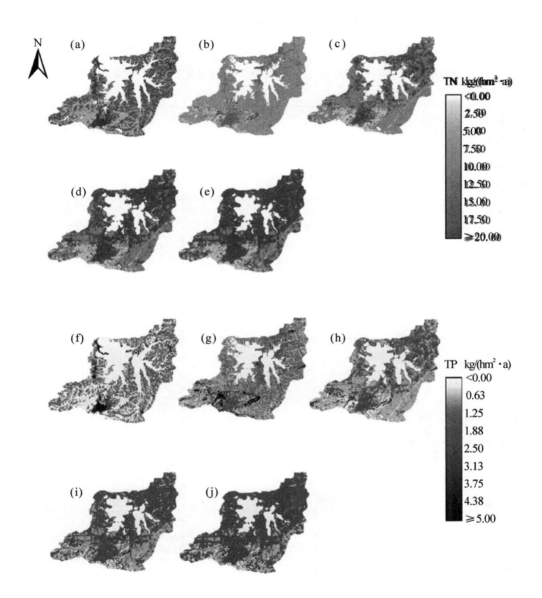

图 3—16　耦合模式下汤逊湖流域 1991—2030 年 TN、TP 负荷模拟结果

（a—e）1991、2001、2011、2020 及 2030 年 TN 负荷；（f—j）1991、2001、2011、2020 及 2030 年 TP 负荷

汤逊湖流域 1991—2030 年 3 种模式下 TN、TP 负荷统计结果见表 3—15;耦合模式下不同土地利用类型 TN、TP 负荷统计结果见表 3—16。

表 3—15　3 种模式下汤逊湖流域 TN、TP 负荷统计结果

指标	分类	1991 年		2001 年		2011 年		2020 年		2030 年	
		单位负荷 kg/(hm²·a)	总负荷 t/a	单位负荷 kg/(hm²·a)	总负荷 t/a	单位负荷 kg/(hm²·a)	总负荷 t/a	单位负荷 kg/(hm²·a)	总负荷 t/a	单位负荷 kg/(hm²·a)	总负荷 t/a
TN	农业面源模式	10.83	214.84	5.13	108.51	6.54	142.16	7.00	187.09	6.37	146.79
	城市面源模式	12.44	246.90	6.26	132.38	11.16	242.46	15.40	345.60	15.62	359.94
	耦合模式	13.22	264.35	7.44	157.31	11.20	243.30	16.49	370.06	16.93	390.12
TP	农业面源模式	0.74	14.66	1.13	23.88	0.91	19.83	1.02	22.89	0.86	19.82
	城市面源模式	1.15	22.77	0.53	11.25	1.01	21.974	1.46	32.76	1.51	34.80
	耦合模式	1.01	20.04	1.13	23.98	1.16	25.20	1.51	33.89	1.71	39.40

注:面源污染负荷估算不包括水域。

表 3—16　耦合模式下汤逊湖流域不同用地类型的 TN、TP 负荷统计结果

指标	土地利用分类	1991 年		2001 年		2011 年		2020 年		2030 年	
		单位负荷 kg/(hm²·a)	L_c t/a	单位负荷 kg/(hm²·a)	L_c t/a	单位负荷 kg/(hm²·a)	L_c t/a	单位负荷 kg/(hm²·a)	L_c t/a	单位负荷 kg/(hm²·a)	L_c t/a
TN	村镇/城市建设用地	26.84	76.02	10.01	54.06	15.14	153.26	20.37	308.61	19.63	351.93
	农用地	17.5	155.79	4.66	10.85	2.84	6.37	3.17	7.24	3.12	7.09
	林地/绿地	4.01	32.08	4.66	10.85	2.84	6.37	3.17	7.24	3.12	7.09
	荒地/裸地	6.16	0.69	15.4	4.18	13.59	1.44	14.93	0.50	18.12	0.23
TP	村镇/城市建设用地	2.49	7.05	1.42	7.67	1.64	16.60	1.89	28.56	1.99	35.68
	农用地	1.19	10.59	0.68	12.49	0.72	6.66	0.79	3.91	0.83	2.35
	林地/绿地	0.29	2.32	1.94	4.52	0.61	1.37	0.54	1.23	0.64	1.45
	荒地/裸地	1.78	0.20	7.96	2.16	5.59	0.59	4.99	0.17	4.28	0.05

注:面源污染负荷估算不包括水域。

3.6.2 三种模式下氮磷负荷对比分析

L_a，L_u 和 L_c 分别是农业面源模式、城市面源模式和耦合模式下汤逊湖流域面源污染负荷。对任一元胞 (i,j)，面源污染负荷满足式(3.25)。

$$\min[L_a(i,j), L_u(i,j)] \leqslant L_c(i,j) \leqslant \max[L_a(i,j), L_u(i,j)] \tag{3.25}$$

在流域内，总面源负荷为各个元胞的面源负荷之和，表达式见式(3.26)、式(3.27)和式(3.28)。

$$L_a = \sum L_a(i,j) \tag{3.26}$$

$$L_u = \sum L_u(i,j) \tag{3.27}$$

$$L_c = \sum L_c(i,j) \tag{3.28}$$

设 L_{min} 和 L_{max} 分别见式(3.29)和式(3.30)。

$$L_{min} = \sum \min[L_a(i,j), L_u(i,j)] \tag{3.29}$$

$$L_{max} = \sum \max[L_a(i,j), L_u(i,j)] \tag{3.30}$$

则 L_a、L_u 和 L_c 分别满足式(3.31)、式(3.32)和式(3.33)。

$$L_{min} < L_a < L_{max} \tag{3.31}$$

$$L_{min} < L_u < L_{max} \tag{3.32}$$

$$L_{min} < L_c < L_{max} \tag{3.33}$$

由上述推导过程可知：L_c 与 L_a、L_u 之间的关系主要由特定流域内各元胞的面源特征及其分布特点综合决定。不同面源模式下 TN、TP 负荷随时间的变化趋势见图 3—17。

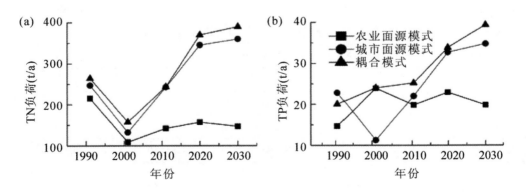

图 3—17　三种模式下汤逊湖流域 1991—2030 年面源污染负荷对比分析

(a)TN 负荷；(b)TP 负荷

由图 3—17 可知：

(1)从 3 种模式下 TN、TP 负荷量的大小来分析，耦合模式下的 TN 负荷(L_c)分别大于农业面源模式(L_a)和城市面源模式下(L_u)的 TN 负荷；对于 TP 负荷而言，除 1991 年满足

$L_a < L_c < L_u$ 外,2001—2030 年耦合模式下的 TP 负荷(L_c)均分别大于农业面源模式(L_a)和城市面源模式下(L_u)的计算结果。整体而言,耦合模式下的 TN、TP 负荷分别大于农业面源和城市面源模式下的计算结果。

(2)从 3 种模式下 TN、TP 负荷量的时间变化趋势来看,1991—2001 年耦合模式下 TN、TP 负荷(L_c)的变化趋势与农业面源模式计算结果(L_a)基本一致,2001—2030 年耦合模式下 TN、TP 负荷(L_c)的变化趋势与城市面源模式计算结果(L_u)基本一致。主要原因在于,2011 年以前,农用地整体上大于村镇/城市建设用地,为流域的优势地类,整个区域以农业面源为主,故耦合模式计算结果的变化趋势与农业模式下计算结果更为接近;2011 年以后,随着城市化发展,村镇/城市建设用地快速增长,2011 年村镇/城市建设用地(38.84%)超过农用地(35.49%),成为流域主导用地类型。随着主要用地类型的转变,汤逊湖流域也逐渐由以农业面源模式为主变为以城市面源模式为主,因此,耦合模式计算结果(L_c)变化趋势更接近于城市面源模式下的计算结果(L_u)。

以上结果也表明,耦合模型的构建能较好地反映汤逊湖流域复杂面源污染变化的实际情况。

3.6.3　农业面源和城市面源的贡献率分析

通过对 1991—2030 年农业面源模式和城市面源模式下的 TN、TP 负荷进行分析,分别按式(3.34)和式(3.35)计算农业面源和城市面源对汤逊湖流域复杂面源的贡献率。

$$\omega_a = \frac{\sum L_a(i,j) \times \mu_a(i,j)}{\sum L_c(i,j)} \times 100 \tag{3.34}$$

$$\omega_u = \frac{\sum L_u(i,j) \times \mu_u(i,j)}{\sum L_c(i,j)} \times 100 \tag{3.35}$$

式中,ω_a 为农业面源对复杂面源的贡献率,%;ω_u 为城市面源对复杂面源的贡献率,%。

农业面源和城市面源分别对汤逊湖流域复杂面源的贡献率见表 3—17。

表 3—17　农业面源和城市面源的贡献率

年份	TN		TP	
	ω_a(%)	ω_u(%)	ω_a(%)	ω_u(%)
1991	72.49	27.51	65.63	34.38
2001	64.52	35.48	81.10	18.90
2011	34.82	65.18	41.53	58.47
2020	15.07	84.93	18.34	81.66
2030	8.98	91.02	10.50	89.50

注:ω_a,ω_u 分别为农业面源和城市面源对复杂面源的贡献率。

由表 3—17 可知:

(1)1991 年农业面源对流域复杂面源的 TN、TP 污染负荷贡献率 ω_a 分别是 72.49%、

65.63%，农业面源为流域面源污染的主要来源；至2011年，农业面源的TN、TP负荷贡献率分别减少至34.82%、41.53%，根据预测结果，至2030年，农业面源对TN、TP负荷的贡献率仅占8.98%、10.50%。农业面源对复杂面源的贡献率呈逐年减少趋势。

(2)1991年城市面源对区域面源的TN、TP污染负荷贡献率ω分别是27.51%、34.38%；至2011年，城市面源的TN、TP负荷贡献率分别是65.18%、58.47%，城市面源成为区域面源污染负荷的主要来源；根据预测结果，至2030年，城市面源对TN、TP负荷的贡献率分别增长至91.02%、89.50%，城市面源对流域复杂面源的贡献占绝对优势。城市面源对复杂面源的贡献率呈逐年增加趋势。

农业面源和城市面源贡献率分别与土地利用综合指数的相关性分析见图3—18。

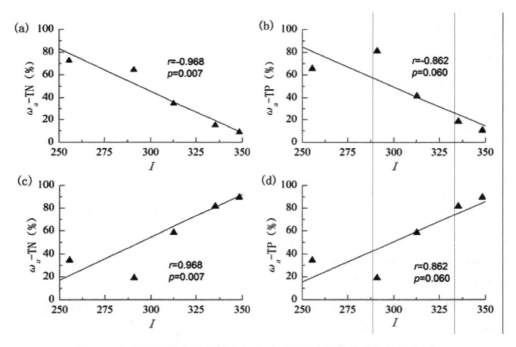

图3—18　面源污染负荷贡献率与土地利用程度综合指数相关性分析

(a)农业面源对TN负荷贡献率与土地利用程度综合指数相关性；(b)农业面源对TP负荷贡献率与土地利用程度综合指数相关性；(c)城市面源对TN负荷贡献率与土地利用程度综合指数相关性；(d)城市面源对TP负荷贡献率与土地利用综合指数相关性

由图3—18分析结果可知，农业面源对于TN、TP的贡献率与土地利用程度综合指数分别呈极显著负相关($r=-0.968$)和显著负相关($r=-0.862$)；城市面源刚好相反，其对于TN、TP的贡献率与城市化指数分别呈极显著正相关($r=0.968$)和显著正相关($r=0.862$)。相关性分析结果表明，随着城市化发展，汤逊湖流域农业面源贡献率逐年降低，城市面源贡献率逐年增加，城市面源逐渐成为流域的主要污染源。分析结果进一步表明，耦合模型的计算结果更真实地反映了流域面源实际特征。

3.6.4　耦合模式下 TN、TP 负荷时空变化分析

（1）氮磷负荷空间变化分析

1991—2011 年 TN、TP 负荷高值区集中在流域北部和中南部的建设用地上（图3－16），其分布范围随着建设用地的扩展从北向南扩张；次高值区主要分布在东南部和西部的农田上，其分布范围并随着农田分布范围的变化而变化；低值区主要分布在流域南部林地/绿地上，其分布范围变化不大。同时，通过对不同用地类型单位负荷平均值的统计（表3－16），除 2001 年荒地/裸地 TN 的单位面积负荷[15.40kg/(hm² · a)]略大于村镇/城市建设用地的 TN 负荷[10.01kg/(hm² · a)]外，各用地类型按 TN、TP 单位面积负荷从大到小依次排序为：村镇/城市建设用地＞荒地/裸地＞农用地＞林地/绿地。

除此之外，在林地的中部部分区域出现了小范围的 TN、TP 负荷高值区，主要是由于该区域处于真个流域海拔最高处，坡度平均大于 10°。坡度越大，降雨量和土壤侵蚀量均越大，故导致 TN、TP 负荷的增加。

根据预测，2011—2030 年污染物负荷空间分布变化趋势与 2001—2011 年相同。

（2）氮磷负荷时间变化分析

① TN 负荷量的时间变化

1991—2030 年 TN 负荷整体上先减后增（表 3－15）。

1991—2001 年间，TN 负荷由 1991 年的 264.35t/a 减少至 2001 年的 157.31t/a，主要是因为径流中 TN 浓度较高，远远大于 TP 浓度，因此 TN 负荷受降雨径流的影响较大，同时，由于 1991 年年降雨量（1795.2mm）约为 2001 年降雨量（899.8mm）的 2 倍，因此，随着降雨量的大幅减少，TN 负荷也相应减少。2001 年和 2011 年，在降雨量变化不大的情况下，TN 负荷随着城市化发展逐年增长，分别是 157.31t/a 和 243.30t/a。

预测结果表明，至 2020 年和 2030 年，TN 负荷将进一步增长至 370.06t/a 和 390.12t/a，分别是 2011 年的 1.52 倍和 1.60 倍。预计，随着城市化发展，汤逊湖流域 TN 负荷将继续增长。

② TP 负荷量的时间变化

1991—2030 年 TP 负荷整体上呈增长趋势，主要是由于城市化能显著增加磷负荷（Brett et al，2005）。1991 年、2001 年和 2011 年，TP 负荷分别是 20.04t/a、24.32t/a 和 25.20t/a。随着 2020 年村镇/城市建设用地流域主导用地类型，TP 负荷进一步增长，至 2020 年和 2030 年分别增长至 33.89t/a、39.40t/a，分别是 2011 年的 1.34 倍和 1.56 倍。预计，随着城市化发展，汤逊湖流域 TP 负荷将继续增长。

（3）氮磷负荷空间分布相关性分析

以 2011 年现状年为例，分析了 TN 和 TP 负荷空间分布的相关性；同时，考虑到土地利用类型对于 TN、TP 负荷的影响，进一步按不同土地利用类型分别对 TN 和 TP 负荷相关性进行了统计。TN 和 TP 负荷相关性分析结果见图 3－19。

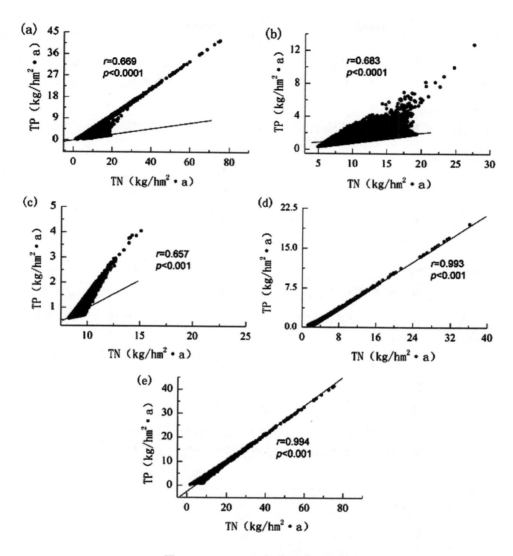

图 3—19 TN、TP 负荷相关性分析

(a)整个流域内；(b)村镇/城市建设用地；(c)农用地；(d)林地/绿地；(e)荒地/裸地

由图 3—19 可知：在汤逊湖流域内，TN 和 TP 负荷整体上呈显著正相关（$r=0.669$），即 TN 和 TP 负荷空间分布具有一致性。不同土地利用类型上 TN 与 TP 负荷均呈显著正相关，相关系数从大到小依次是荒地/裸地＞林地/绿地＞村镇/城市建设用地＞农用地。

3.6.5 CA—AUNPS 模型模拟精度分析

3.6.5.1 CA—AUNPS 模型构建合理性分析

（1）整体评价

①整个流域内；②村镇/城市建设用地；③农用地；④林地/绿地；⑤荒地/裸地。

CA—AUNPS 模型是基于成熟的农业面源模型(污染物输出经验模型)、城市面源模型(L—THIA 模型)和城市化模型(CA 模型)耦合而成,该研究通过分析 1991—2030 年间耦合模型所设置的面源权重值的合理性来分析 CA—AUNPS 模型构建的合理性,主要按整体和局部评价两种方法来分析。1991—2030 年汤逊湖流域农业面源和城市面源权重值在 0～1 连续分布(图 3 —14)。

本研究设置指数 δ 来整体评价 AUNPS 模型耦合的精度,表达式见式(3.36)、式(3.37)和式(3.38)。

$$\delta_a = 1 - \frac{|\overline{\mu_a} - \varepsilon_a|}{\varepsilon_a} \tag{3.36}$$

$$\delta_u = 1 - \frac{|\overline{\mu_u} - \varepsilon_u|}{\varepsilon_u} \tag{3.37}$$

$$\delta = \sqrt{\frac{\delta_a^2 + \delta_u^2}{2}} \tag{3.38}$$

式中,δ_a 为农业面源权重设置精度;δ_u 为城市面源权重设置精度;δ 为 AUNPS 模型精度;$\overline{\mu_a}$,$\overline{\mu_u}$ 分别为农业面源和城市面源权重均值;ε_a,ε_u 分别为农用地和村镇/城市建设用地占汇水区域面积的实际比例,%。

通过计算,1991—2030 年的 δ 值计算结果见表 3—18。1991 年、2001 年、2011 年、2020 年和 2030 年的 δ 值分别是 0.833、0.911、0.951、0.999 和 0.999,5 个年份的 δ 值均大于 0.80,结果表明,从整体来看 AUNPS 模型能综合反映农业面源和城市面源的分布特点;同时,δ 值呈现增长趋势,主要原因在于,随着城市化发展汤逊湖流域面源逐渐以城市面源为主,整个流域的面源特征越来越清晰,从而降低了权重设置所带来的误差。

表 3—18　1991—2030 年耦合模型精度分析

年份 \ 精度系数	δ_a	δ_u	δ
1991	0.951	0.694	0.833
2001	0.954	0.866	0.911
2011	0.955	0.948	0.951
2020	0.999	0.999	0.999
2030	0.999	0.999	0.999

(2)局部评价

以现状 2011 年为例来局部分析 AUNPS 模型权重设置的合理性,分别选择位于城市面源区域中的 3 个控制点(1～3♯)和位于农业面源区域中的 3 个控制点(4～6♯)来分析面源权重设置的合理性,主要控制点分布见彩图 6。

由彩图 6 可知,在城市面源区域中,1～3♯控制点所属的 3 块农用地的面积依次减小,其对应的农业面源/城市面源权重值分别是 0.537/0.463、0.149/0.851 和 0.091/0.909,结果表明,在城市面源区域中,农用地自身面积越小,受周围用地类型的影响越大,其农业面源权重值越小,城市面源权重值越大,即城市面源特征越显著。同理,在农业面源区域中,4～6♯控制点所属的3块村镇/城市建设用地的面积依次减小,农业面源/城市面源权重值分别是0.488/0.512、0.744/0.257和0.942/0.058,结果表明,分布于农业面源区域中的村镇/城市建设用地面积越小,其农业面源特征越显著。

与权重设置结果相比,传统的面源区域划分中往往直接将1～3♯归为城市面源(即$\mu_a = 0$,$\mu_u = 1$),4～6♯归为农业面源(即$\mu_a = 1$,$\mu_u = 0$),显然,AUNPS模型综合考虑了元胞自身的土地利用类型及周边土地利用类型的影响,使元胞的面源特征更符合实际情况;另一方面,权重设置使各个元胞的面源特征定量化,在一定程度上提高了模型的计算精度。

3.6.5.2 CA—AUNPS模型模拟精度分析

褚俊英等以流域为单元对汤逊湖流域水质水量进行了预测,结果表明到2020年,汤逊湖流域TN、TP总入湖污染负荷(L_t)分别是3127.5 t/a和307.5 t/a(褚俊英等,2009)。李立青等通过对武汉市汉阳城区降雨径流进行连续三年的实地监测,结果表明,城市降雨径流是受纳水体污染的主要原因之一,在城市集水区尺度上,3个没有实施截污工程的雨、污合流制集水区由降雨径流输出的TN、TP分别占总污染负荷的11.2%和10.1%(李立青等,2007)。

由于缺少汤逊湖流域面源污染负荷的现状调查数据,同时,考虑到汤逊湖流域2020年城市化发展水平与汉阳城区城市化现状水平相似,该研究近似采用以上数据来近似估算汤逊湖流域2020年径流中的TN、TP负荷,该估算值被进一步作为参考值(L_r)用于分析CA—AUNPS模型模拟结果的精度。TN和TP负荷参考值计算分别见式(3.39)。

$$L_r = L_t \times \varphi \tag{3.39}$$

TN和TP负荷模拟结果与参考值之间的对比分析结果见表3—19。

表3—19 TN和TP负荷模拟结果与参考值之间的对比分析

指标	总入湖污染负荷 L_t(t/a)	贡献率 φ(%)	径流中的面源污染负荷参考值 L_r(t/a)	面源模式	径流中的面源污染负荷模拟值(t/a)	差值(t/a)	误差(%)
TN	3127.5	11.2	350.28	农业	157.09	−193.19	55.15
				城市	345.60	−4.68	1.34
				耦合	370.06	19.78	5.65
TP	307.5	10.1	31.06	农业	22.89	−8.17	26.30
				城市	32.76	1.70	5.47
				耦合	33.89	2.83	9.11

注:φ表示径流对总入湖负荷的贡献率。

由表 3—19 可知：

(1)在耦合模式下 TN、TP 负荷的模拟结果与参考值之间的误差分别是 5.65%、9.11%，均小于 10%，在一定程度上证实了耦合模型计算结果的可靠性，同时表明耦合模式用于估算城乡交错带的复杂面源污染负荷具有可行性。

(2)3 种模式下 TN、TP 负荷计算误差满足城市面源模式＜耦合模式＜农业面源模式，结果表明，随着城市化发展，至 2020 年汤逊湖流域面源污染可近似按城市面源来估算。值得注意的是，误差值的大小与参考值的选取有关。虽然城市面源模式计算误差略小于耦合模式，由于耦合模式计算误差介于城市面源模式和农业面源模式之间、且远远大于农业面源模式计算误差，进一步表明耦合模式用于估算复杂面源污染负荷具有合理性。

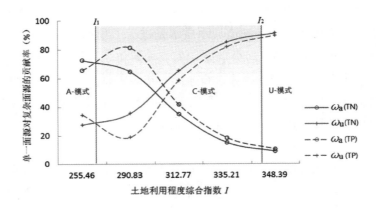

图 3—20　面源污染估算模式及土地利用程度综合指数的关系

上述分析表明，耦合模式具有最优适用条件，分析见图 3—20。ω_a 和 ω_u 分别为农业面源和城市面源对复杂面源的贡献率。由图 3—20 可知，随着城市化发展，土地利用程度越来越高，ω_a 和 ω_u 分别呈降低和增长趋势，即农业面源特征越来越不明显，城市面源逐渐成为流域主要面源形式。当 $I < I_1$ 时，流域面源污染负荷可近似按农业面源模式估算；当 $I > I_2$ 时，流域面源污染负荷可近似按城市面源模式估算。适用于耦合模式的最优城市化率区间$[I_1, I_2]$的确定是有待进一步研究的问题。

3.7　本章小结

CA—AUNPS 模型基于农业面源模型、城市面源模型及城市化模型耦合构建而成，能有效用于城市化背景下的复杂面源污染负荷时空变化模拟。

从 3 种模式下 TN、TP 负荷量的大小来分析，整体上耦合模式下的 TN、TP 负荷分别大于农业面源模式和城市面源模式下的计算结果。从三种模式下 TN、TP 负荷量的时间变化趋势来看，1991—2001 年耦合模式下 TN、TP 负荷(L_c)的变化趋势与农业面源模式计算结果(L_a)基本一致,2001—2030 年耦合模式下 TN、TP 负荷(L_c)的变化趋势与城市面源模式计算结果(L_u)基本一致。主要原因在于,2011 年以前,农用地整体上大于村镇/城市建设用地,为流域优势地类,整个区域以农业面源为主,故耦合模式计算结果的变化趋势与农业模式下计算结果更为接近;2011 年以后,随着城市化发展,村镇/城市建设用地快速增长,2011 年村镇/城市建设用地(38.84%)超过农田(35.49%),成为流域主导用地类型。随着主要用地类型的转变,汤逊湖流域也逐渐由以农业面源为主变为以城市面源为主,因此,耦合模式计算结果(L_c)变化趋势更接近于城市面源模式下的计算结果(L_u)。可见,耦合模型的构建能反映流域复杂面源污染变化的实际情况。

从农业面源和城市面源分别对流域复杂面源的贡献率来看,1991 年,农业面源对区域面源的 TN、TP 污染负荷贡献率 ω_a 分别是 72.49%、65.63%,城市面源对流域复杂面源的 TN、TP 负荷的贡献率 ω_u 分别是 27.51%、34.38%,农业面源对流域复杂面源的贡献占优势;至 2030 年,ω_a 仅为 8.65%、10.26%;ω_u 增长至 91.35%、89.74%,城市面源对流域复杂面源的贡献占绝对优势。汤逊湖流域农业面源和城市面源对流域复杂面源的贡献率分别呈逐年降低和逐年增长趋势。这主要是由于随着城市化发展,农业面源分布范围逐渐减小,城市面源逐渐成为流域的主要污染源。分析结果进一步表明,耦合模型的计算结果更真实地反映了流域面源实际特征。

从 TN、TP 负荷相关性分析可知:TN、TP 负荷整体上呈显著正相关,即汤逊湖流域 TN 负荷和 TP 负荷空间分布具有一致性;不同土地利用类型的 TN、TP 负荷相关系数从大到小依次是荒地/裸地>林地/绿地>村镇/城市建设用地>农用地。

从复杂面源污染负荷的空间分布看,1991—2011 年 TN、TP 负荷高值区集中在流域北部和中南部的建设用地上,其分布范围并随着建设用地的扩展从北向南扩张;次高值区主要分布在东南部和西部的农田上,其分布范围并随着农田分布范围的变化而变化;低值区主要分布在流域南部林地/绿地上,其分布范围变化不大。同时,通过对不同用地类型单位负荷平均值的统计,各用地类型按 TN、TP 单位面积负荷从大到小依次排序为:村镇/城市建设用地>荒地/裸地>农用地>林地/绿地。除此之外,在林地的中部部分区域出现了小范围的 TN、TP 负荷高值区,主要是由于该区域处于整个流域海拔最高处,坡度平均大于 10°。坡度越大,降雨量和土壤侵蚀量均越大,故导致 TN、TP 负荷的增加。

从复杂面源污染负荷的时间变化看:① 1991—2030 年 TN 负荷整体上先减后增。1991—2001 年 TN 负荷呈减少趋势,主要是由于径流中 TN 浓度较大,TP 浓度远远小于 TN 浓度,TN 负荷受径流量的影响相对 TP 负荷较大,因此 TN 负荷随着降雨量的减少从 1991 年 264.35t/a 减少至 2001 年的 157.31t/a;2001 年和 2011 年,在降雨量变化不大的情况下,TN 负荷随着城市化发展逐年增长,分别是 157.31t/a 和 243.30t/a。至 2020 年和 2030 年,TN 负荷将分别增长至 370.06t/a 和 390.12t/a,分别是 2011 年的 1.52 倍和 1.60 倍。预计,随着城市化发展,汤逊湖流域 TN 负荷将继续增长。② 1991—2030 年 TP 负荷整体上呈增长趋势。1991 年、2001 年和 2011 年,TP 负荷分别是 20.04t/a、23.98t/a 和 25.

20t/a。随着 2020 年村镇/城市建设用地流域主导用地类型，TP 负荷进一步增长，至 2020 年和 2030 年分别增长至 33.89t/a、39.40t/a，分别是 2011 年的 1.34 倍和 1.56 倍。预计，随着城市化发展，汤逊湖流域 TP 负荷将继续增长。③此外，TN、TP 负荷在空间分布上整体呈显著正相关，即 TN 和 TP 负荷空间分布具有一致性。不同土地利用类型上 TN、TP 负荷空间分布相关系数从大到小依次是荒地/裸地＞林地/绿地＞村镇/城市建设用地＞农用地。

运用整体评价和局部评价相结合的方法分析 CA－AUNPS 模型构建合理性，并通过对比验证来分析模拟精度。结果表明：1991—2030 年面源污染负荷权重设置精度 δ 值均大于 0.8，精度较高；与传统方法相比，面源污染权重设置的取值在 0～1 连续分布，使各元胞的面源特征更符合实际情况；2020 年汤逊湖流域面源污染 TN、TP 负荷的误差分别是 5.65％和 9.11％，误差值均小于 10％，模拟结果满足精度要求。该研究构建的 CA－AUNPS 模型能有效用于复杂面源污染负荷的时空变化模拟，很好地解决了城乡交错带面源污染负荷的估算问题。

参 考 文 献

[1] Brett MT, Arhonditsis GB, Mueller SE, et al. Non—point—source impacts on stream nutrient concentrations along a forest to urban gradient [J]. Environmental Management, 2005, 35(3):330—342.

[2] Wang Y, Choi W, Deal BM. Long—term impacts of land—use change on non—point source pollutant loads for the St. Louis metropolitan area, USA[J]. Environmental Management, 2005, 35(2): 194—205.

[3] Williams J, Renard K, Dyke P. EPIC: A new method for assessing erosion's effect on soil productivity[J]. Journal of Soil and Water Conservation, 1983, 38(5):381—383.

[4] Wu L, Long T, Liu X, et al. Impacts of climate and land—use changes on the migration of non—point source nitrogen and phosphorus during rainfall—runoff in the Jialing River Watershed, China[J]. Journal of Hydrology, 2012, 475:26—41.

[5] Yoder D, Lown J. The future of RUSLE: inside the new revised universal soil loss equation[J]. Journal of Soil and Water Conservation, 1995, 50(5): 484—489.

[6] Zhang W, Che W, Liu D, et al. Characterization of runoff from various urban catchments at different spatial scales in Beijing, China[J]. Water Science and Technology, 2012, 66(1): 21.

[7] 蔡崇法, 丁树文, 史志华. 应用 USLE 模型与地理信息系统 IDRISI 预测小流域土壤侵蚀量的研究[J]. 水土保持学报, 2000, 14(2):19—24.

[8] 褚俊英, 秦大庸, 王浩, 等. 武汉汤逊湖未来水环境演变趋势的模拟[J]. 中国环境科学, 2009, 29(9):955—961.

[9] 黎巍, 何佳, 徐晓梅, 等. 滇池流域城市降雨径流污染负荷定量化研究[J]. 环境监测管理与技术, 2011, (5):37—42.

[10] 李立青, 尹澄清, 何庆慈, 等. 武汉市城区降雨径流污染负荷对受纳水体的贡献[J]. 中国环境科学, 2007, 27(3):312—316.

[11] 李立青, 朱仁肖, 郭树刚, 等. 基于源区监测的城市地表径流污染空间分异性研究 [J]. 环境科学, 2010, 31(12):2896—2904.

[12] 李学垣. 武汉市三种土壤的性质及其分类归属[J]. 华中农业大学学报, 1987, 6(4): 309—317.

[13] 林莉峰, 李田, 李贺. 上海市城区非渗透性地面径流的污染特性研究[J]. 环境科学, 2007, 28(7):1430—1434.

[14] 刘腊美. 嘉陵江流域非点源氮磷污染及其对重庆主城段水环境影响研究. 重庆大学; 2009.

［15］任玉芬，王效科，韩冰，等．城市不同下垫面的降雨径流污染［J］．生态学报，2005，25(12)：3225－3230.

［16］沈虹，张万顺，彭虹．汉江中下游土壤侵蚀及颗粒态非点源磷负荷研究［J］．水土保持研究，2010，17(5)：1－6.

［17］沈涛，刘良云，马金峰，等．基于 L－THIA 模型的密云水库地区非点源污染空间分布特征［J］．农业工程学报，2007，23(5)：62－68.

［18］史志华，蔡崇法，丁树文，等．基于 GIS 的汉江中下游农业面源氮磷负荷研究［J］．环境科学学报，2002，22(4)：473－477.

［19］史志华，蔡崇法．基于 GIS 和 RUSLE 的小流域农地水土保持规划研究［J］．农业工程学报，2002，18(4)：172－175.

［20］王宁，徐崇刚．GIS 用于流域径流污染物的量化研究［J］．东北师大学报：自然科学版，2002，34(2)：92－98.

［21］薛素玲．基于 GIS 的黑河流域非点源氮磷模拟［D］．西安理工大学，2006.

［22］杨德敏，曹文志，陈能汪，等．厦门城市降雨径流氮、磷污染特征［J］．生态学杂志，2006，25(6)：625－628.

［23］杨柳，马克明，郭青海，等．汉阳非点源污染控制区划［J］．环境科学，2006，27(1)：31－36.

［24］卓慕宁，吴志峰，王继增，等．珠海城区降雨径流污染特征初步研究［J］．土壤学报，2003，40(5)：775－778.

第 4 章

城乡交错带典型流域面源污染关键源区识别

关键源区(Critical Source Areas,CSAs)是指输出污染物占整个流域污染负荷大部分的少数景观单元,该区域往往对整个流域受纳水体的质量起着决定性影响。由于面源污染具有显著的空间差异性,且治理难度大、成本高,因此,面源污染控制并非一定需要在全流域实施全面治理(周慧平等,2005;李琪等,2007)。面源污染关键源区的定量化识别能为政府和环保部门针对性地制定复杂面源污染控制措施提供重要参考,尤其在环保投资有限的情况下有利于"关键源区先治理",减少环保投资的盲目性(Heathwaite et al,2005)。

目前,关键源区识别方法主要包括输出系数法、污染指数法、土壤侵蚀模型模拟法和机理模型模拟法等。输出系数法结构简单,适宜于资料缺乏、对精度要求不高的情况,但由于未考虑迁移路径及沿程衰减,可能导致识别结果具有一定误差(刘瑞民等,2009);污染指数法,采用较多的是磷指数法(PI)和污染潜力指数法(APPI),该方法简单、灵活、可操作性强,但在因子权重确定及风险等级划分环境尚存一定主观性,且评价结果不能反映区域污染负荷实际产生量,指导意义有限(李琪等,2007;李娜等,2010);由于土壤侵蚀过程与污染物流失过程关系密切,应用 USLE 方程有助于识别面源污染风险区,但该方法忽略了溶解态污染物流失(王光谦等,2010);机理模型方法可以得到实际的污染物流失量,且具有较高的精度,但模型参数多、计算过程复杂,不适用于资料缺乏地区(葛怀凤等,2011)。不同的识别方法可能导致关键源区识别范围存在差异(Niraula et al,2013),因此,需要结合区域特征及目标需求采用合适的关键源区识别方法。

本研究提出了一种基于负荷—面积曲线(Load—area curve)及其斜率来定量识别关键源区的方法(Zhuang et al,2016)。负荷—面积曲线能直观地反映特定研究区域内依次从高值区到低值区累积的负荷量随面积的变化情况,进而清晰地反映区域内污染负荷空间分布的集中程度及特征,为快速、灵活、针对性地制定环境保护措施提供依据。

4.1 基于负荷—面积曲线的关键源区识别方法

4.1.1 负荷—面积曲线绘制

本研究采用累积负荷—面积拟合方法及其斜率识别面源污染负荷关键源区。负荷—面积曲线表达的是,在特定流域或区域内,面源污染负荷的累积值随面积的变化关系。

以栅格为统计单元,将负荷值按从高到低的顺利排序,创建数据集 U,即 U= { l_1 , …

l_i, $\cdots$ l_n},其中,l_1是栅格尺度的最大负荷值。计算不同负荷水平下的累积负荷百分比(Pl_j)和累积面积百分比(Pa_j)。选取合适的步长作为计算不同负荷水平下(Pa_j,Pl_j)数据的依据,如栅格尺度平均负荷值的 0.1。步长越小,获得的(Pa_j,Pl_j)数据组越多。具体步长可根据曲线拟合精度进行调整。Pa_j 和 Pl_j 的计算分别见式(4.1)和(4.2)。

$$Pl_j = \frac{L_j}{L_{total}} = \frac{\sum\limits_{i=1}^{m}(\gamma \times l_i \times a_i)}{\sum\limits_{i=1}^{n}(\gamma \times l_i \times a_i)} = \frac{\sum\limits_{i=1}^{m}l_i}{\sum\limits_{i=1}^{n}l_i} \times 100\% \tag{4.1}$$

$$Pa_j = \frac{A_j}{A_{total}} = \frac{\sum\limits_{i=1}^{m}a_i}{\sum\limits_{i=1}^{n}a_i} = \frac{m}{n} \times 100\% \tag{4.2}$$

式中,Pl_j 为累积负荷百分比,%;Pa_j 为相应的累积面积百分比,%;L_j 为第 j 级负荷水平下的累积负荷量,t/a;L_{total} 为总负荷量,t/a;l_i 为第 i 个栅格的负荷量,kg/(hm². a);γ 为单位转换系数,t/kg;A_j 为第 j 级负荷水平下的累积面积,hm²;A_{total} 为总面积,hm²;a_i 为第 i 个栅格面积,h m²;m 为第 j 级负荷水平下的栅格数;n 为总栅格数。

基于不同负荷水平下的多组(Pa_j,Pl_j)数据,拟合负荷—面积曲线,拟合曲线表达式见式(4.3)。

$$Pl_j = f(Pa_j) \tag{4.3}$$

式中,f 为累积负荷—面积拟合方程。

4.1.2　关键源区识别标准选择

基于负荷—面积曲线,曲线斜率(k_l)、地方环境保护投入和水环境保护目标可以直接或间接作为关键源区识别的分级标准。负荷—面积曲线斜率可以直观反映污染负荷随面积的变化速率。在缺乏地方环境数据的前提下,斜率是相对客观的识别标准,因此本研究以斜率作为划分关键源区的依据,斜率计算见式(4.4)。

$$k_l = f'(Pa_j) \tag{4.4}$$

k_l 越大,表明负荷量随面积增加而增长越快,负荷量空间分布越集中。$k_l > 1$,为面积每增长 1% 时,负荷量增长大于 1%,即负荷量增长率大于面积增长率;反之,$k_l < 1$,为负荷量的增长率小于面积增长率。因此,可视研究区域面源污染负荷集中分布特征,选择划分多个等级。

选择"$k_l = 1$"作为关键源区的划分标准和节点,可将整个研究区域划分为两级:关键源区(CSA,$k_l > 1$)和非关键源区;选择"$k_l = 1$、2"作为划分标准和节点,可将整个研究区域划分为三级:关键源区(CSA,$k_l > 2$)、次关键源区(sub-CSA,$1 < k_l < 2$)、非关键源区(non-CSA,$k_l < 1$)。其中,相对于二级划分模式,三级划分模式识别的关键源区(CSA,$k_l > 2$)负荷分布更为集中,面积增长 1% 时,负荷量的增长大于 2%。三级划分模式更适用于面源污染负荷分布集中度高、且空间差异性大的区域。

4.2　基于负荷－面积曲线的关键源区识别步骤

(1)模拟获得栅格尺度或子流域尺度的污染负荷空间分布数据(见第 3 章)。

(2)以栅格或子流域为单位进行数据提取和统计,构建数据集 U。

(3)绘制负荷－面积累积曲线,直观反映面源污染负荷集中程度。

(4)绘制负荷－面积斜率变化曲线,直观反映负荷随面积变化的速率。

(5)依据负荷－面积累积曲线特征,选取斜率,或参考区域水环境保护目标和当地环保投资额度,确定关键源区识别标准。

(6)依据关键源区识别标准,明确关键源区划分等级及节点,定量识别关键源区。

基于负荷－面积曲线及其斜率的关键源区识别流程见图 4－1。

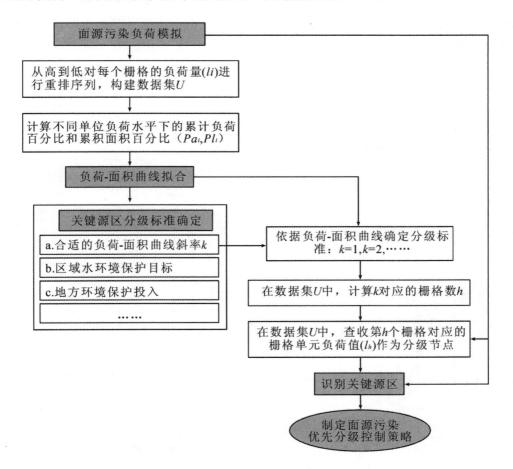

图 4－1　基于负荷－面积曲线的关键源区识别流程

4.3　汤逊湖流域面源污染关键源区识别与分析

4.3.1　汤逊湖流域面源污染关键源区分布

本节以汤逊湖流域 2011 年栅格尺度的面源污染负荷数据为例进行关键源区识别分析。流域内 2011 年主要地类分别为村镇/城市建设用地、农用地、林地/绿地、荒地/裸地和水域，分别占总面积的 38.84%、35.49%、8.61%、0.41% 和 16.65%。运用 CA－AUNPS 模型模拟汤逊湖流域 2011 年 TN、TP 负荷分别为 243.30t/a 和 25.20t/a；以栅格为单元对污染负荷进行统计，拟合得出 TN、TP 的累积负荷随面积变化的关系，TN、TP 负荷－面积累积曲线表示为 $y = 39.2362\ln(x) - 80.8451 (r^2 = 0.999)$，$x$ 和 y 分别表示累积面积百分比和累积负荷百分比(图 4—2)。从负荷－面积曲线可以看出，汤逊湖流域内约 50% 的 TN、TP 负荷集中在约 30% 的区域内。

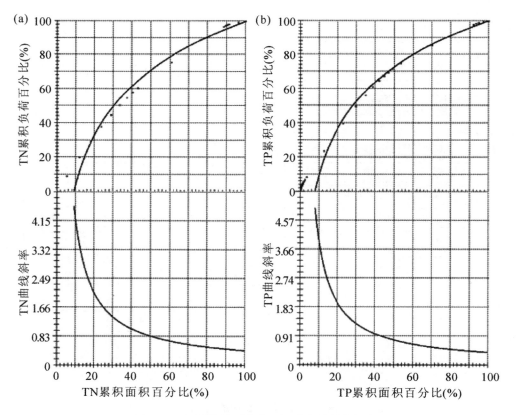

图 4—2　汤逊湖流域负荷－面积曲线及其斜率

(a)TN 负荷；(b)TP 负荷

图 4-3 汤逊湖流域关键源区识别结果

(a)TN 负荷;(b)TP 负荷

表 4-1 汤逊湖流域 TN、TP 负荷关键源区统计结果

指标		分类		合计
		关键源区($k_l>1$)	非关键源区($k_l<1$)	
TN	负荷(t/a)	83.52	159.78	243.30
	面积(%)	20.74	79.26	100
	负荷(%)	34.33	65.67	100
TP	负荷(t/a)	9.06	16.14	25.20
	面积(%)	19.62	80.38	100
	负荷(%)	35.94	64.06	100

曲线斜率能客观、定量地反映负荷随面积变化的速率。选择曲线斜率($slope$)作为识别和划分关键源区的标准,其取值可根据区域面源污染的实际特征灵活选取。考虑到汤逊湖流域负荷分布较为平均,本研究以"$k_l=1$"为关键源区的划分节点,将整个流域划分成 2 个等级:关键源区(CSAs,$k_l>1$)和非关键源区(non-CSAs,$k_l<1$)。由图 4-3 和表 4-1 可知:在关键源区内,约 34.33% 和 35.94% 的 TN 和 TP 负荷分别分布在 20.74% 和 19.62% 区域内。

根据关键源区识别结果可知:①汤逊湖流域 TP 负荷分布相对于 TN 负荷更为集中,整体上 TN、TP 负荷关键源区分布范围相似,即整个流域 20% 的关键源区集中分布了约 35% 的负荷量;②TN、TP 汤逊湖流域内 TN、TP 负荷关键源区主要分布在流域东北部及南部的城市建设用地上,即城市面源区域。

基于关键源区分级识别结果,本研究制定了汤逊湖流域"关键源区→非关键源区"优化分级控制措施,即首先集中人力、财力重点治理关键源区的面源污染,其次根据治理效果和人力、财力状况治理非关键源区。

4.3.2 丹江口库区面源污染关键源区分布

丹江口库区所在的流域面积约 17,924 km²,高山、陡坡、丘陵和山地约占整个流域的97%。林地是区域内的优势地类,占整个区域面积的 41.6%,其次是灌木地、农田、草地、建设用地、荒地、果园和湿地(彩图 8)。丹江口库区以农业为主,其中坡耕地(6~25°)占农用地总面积的 42.4%,是区域内面源污染流失的高风险区。

　　本研究以丹江口库区 2010 年 TN、TP 负荷空间分布数据为例,运用污染物输出模型模拟出流域 TN、TP 负荷分别为 $1.81×10^4$ t/a 和 $0.29×10^4$ t/a(Zhuang et al,2016)。基于负荷—面积曲线,丹江口库区 TN、TP 负荷符合逻辑回归模型,拟合曲线分别为 $y=28.9564 * \ln(x)-31.6741(r^2=1.000)$ 和 $y=26.5583 * \ln(x)-20.5143(r^2=1.000)$(图 4—4)。

　　从负荷—面积曲线可以看出,丹江口库区约 70% 的负荷集中在约 30% 的区域内,TN、TP 负荷高值区分布较为集中,为便于后续制定更为详细的流域分级控制措施,本研究选择 "$k_l=1$"和"$k_l=2$"将整个区域分为 3 个等级:关键源区(CSAs,$k_l>1$)、次关键源区(sub—CSAs,$1< k_l<2$)和非关键源区(non—CSAs,$k_l>2$)。关键源区识别结果表明:在关键源区内,约 45.4% 和 48.0% 的 TN、TP 负荷分别集中在 14.5% 和 13.3% 的区域内;在次关键源区内,约 19.7% 和 18.3% 的 TN、TP 负荷分别集中在 14.5% 和 13.3% 的区域内。进一步对关键源区的土地利用类型进行统计分析,结果表明:在关键源区内,农田和草地是主要污染源,且农田以坡耕地为主;在次关键源区内,农田和灌木是主要污染源,且农田以平整的耕地为主。

　　基于关键源区分级识别结果,本研究制定了丹江口库区"关键源区→次关键源区→非关键源区"优化分级控制措施,即首先集中人力、财力重点治理关键源区的面源污染,其次根据治理效果和人力、财力状况治理次关键源区,最后考虑是否治理非关键源区。

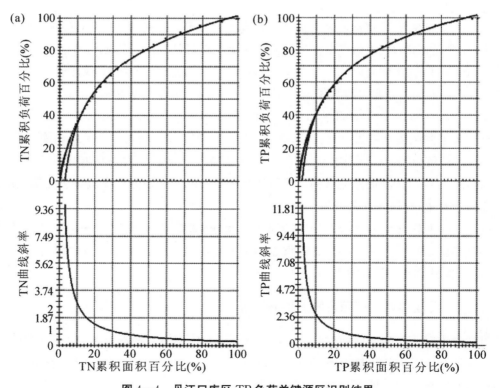

图 4—4　丹江口库区 TP 负荷关键源区识别结果

(a)TN 负荷—面积曲线及其斜率;(b)TP 负荷—面积曲线及其斜率

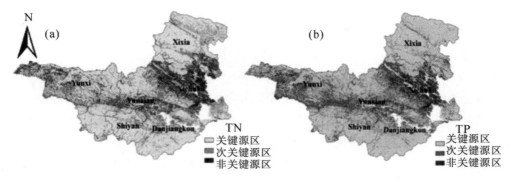

图 4—5 丹江口库区关键源区空间分布

(a)TN 负荷；(b)TP 负荷

表 4—2 丹江口库区 TN、TP 负荷关键源区统计结果

指标		分类及标准			合计
		关键源区($k_l > 2$)	次关键源区($1 < k_l < 2$)	非关键源区($k_l < 1$)	
TN	负荷($\times 10^4$ t/a)	0.82	0.36	0.63	1.81
	面积(%)	14.5	14.5	71.0	100
	负荷(%)	45.4	19.7	34.9	100
TP	负荷($\times 10^4$ t/a)	0.14	0.054	0.099	0.29
	面积(%)	13.3	13.3	73.4	100
	负荷(%)	48.0	18.3	33.7	100

4.3.3 汤逊湖流域与丹江口库区关键源区分布对比

通过对比汤逊湖流域和丹江口库区进行关键源区识别结果，得出以下结论：

(1)关键源区分布具有区域特征，整体而言，汤逊湖流域 50% 的负荷集中在约 30% 内，丹江口库区 70% 的负荷集中分布在约 30% 的区域内，即丹江口库区污染负荷分布比汤逊湖流域更集中、关键源区更明显。主要原因在于：汤逊湖流域处于城乡交错带，土地利用类型相对较简单，其中村镇/城市建设用地和农用地为两个优势地类，分布相对均匀、且占地比例相当(分别为 38.84% 和 35.49%)丹江口库区。因此，汤逊湖流域和丹江口库区分别以"$k_l = 1$"、"$k_l = 1、2$"作为关键源区划分节点较为合适。关键源区划分标准和等级应根据特定区域的负荷—面积曲线及斜率变化特征灵活确定。

(2)关键源区的识别结果可为制定针对性的、成本效益高的面源污染控制 BMPs 措施提供科学参考。但关键源区作为制定面源污染控制最佳管理措施(BMPs)的重要依据，其适用性及效果具有区域差异性，应根据负荷—面积曲线反应的负荷集中程度来确定。丹江口库区相较于汤逊湖流域关键源区分布集中、分级明确，因此，基于三级关键源区制定的丹江口库区面源污染优先分级控制策略的治理效率可能优于汤逊湖流域。

4.4　本章小结

负荷—面积曲线可直观反映面源污染负荷量随面积的累积变化程度，曲线斜率可直观反映面源负荷量随面积的累积变化速率。基于负荷—面积曲线及其斜率的面源污染关键源区识别方法可客观、定量、分级识别不同类型、不同区域的面源污染关键源区，具有普适性，可为快速、灵活、针对性地制定成本效益高的面源污染控制 BMPs 提供科学指导。本研究采用负荷—面积曲线成功识别了汤逊湖流域和丹江口库区的关键源区。

（1）对位于城乡交错带的汤逊湖流域而言，整体上 50％的负荷集中在 30％的区域内。采用"$k_l=1$"作为划分节点，将整个流域划分为关键源区和非关键源区两级。在关键源区内，约 34.33％和 35.94％的 TN 和 TP 负荷分别分布在 20.74％和 19.62％区域内，主要以城市建设用地为主。汤逊湖流域面源污染控制需优先控制以城市建设用地为主的城市面源区域。

（2）对于以农业面源为主的丹江口库区，整体上 70％的负荷集中在 30％的区域内。采用"$k_l=1、2$"作为划分节点，将整个区域划分为关键源区、次关键源区和非关键源区三级。在关键源区内，约 45.4％和 48.0％的 TN、TP 负荷分别集中在 14.5％和 13.3％的区域内；在次关键源区内，约 19.7％和 18.3％的 TN、TP 负荷分别集中在 14.5％和 13.3％的区域内。在丹江口库区可优先重点治理以坡耕地及草地为主的关键源区，其次治理以农田和灌木为主的次关键源区；对于产生了 30％负荷、占流域 70％范围的非关键源区，可视实际情况考虑是否需要治理。

（3）相对于汤逊湖流域，丹江口库区的面源污染负荷空间分布更为集中、空间差异性更大。鉴于面源污染空间分布的区域差异性，识别关键源区时，需基于负荷—面积曲线及其斜率反映的面源污染空间分布特征，综合考虑区域水环境保护目标及地方环境保护投入，确定适合区域的最佳关键源区分级标准及节点。

参 考 文 献

[1] 李琪，陈利顶，齐鑫，等. 流域尺度农业磷流失危险性评价与关键源区识别方法[J]. 应用生态学报，2007，18(9)：1982—1986.

[2] 李娜，郭怀成. 农业非点源磷流失潜在风险评价——磷指数法研究进展[J]. 地理科学进展，2010，29(11)：82—89.

[3] 刘瑞民，何孟常，王秀娟. 大辽河流域上游非点源污染输出风险分析[J]. 环境科学，2009，30(3)：663—667.

[4] 葛怀凤，秦大庸，周祖昊，等. 基于污染迁移转化过程的海河干流天津段污染关键源区及污染类别分析[J]. 水利学报，2011，42(1)：61—67.

[5] 王光谦，左海凤，魏加华，等. 南水北调中线工程水源区老鹳河流域农业非点源污染关键源区识别[J]. 地学前缘，2010，17(6)：17—24.

[6] 周慧平，高超，朱晓东. 关键源区识别：农业非点源污染控制方法[J]. 生态学报，2005，25(12)：3368—3374.

[7] Heathwaite A L , Quinn P F , Hewett C J M . Modelling and managing critical source areas of diffuse pollution from agricultural land using flow connectivity simulation[J]. Journal of Hydrology，2005，304(1—4)：446—461.

[8] Niraula R , Kalin L , Srivastava P , et al. Identifying critical source areas of nonpoint source pollution with SWAT and GWLF[J]. Ecological Modelling，2013，268：123—133.

[9] Zhuang Y, Zhang L. Du Y. et al. Identification of critical source areas for non—point source pollution in the Danjiangkou Reservoir Basin，China[J]. Lake and reservoir management，2016，32(4)：341—352.

第 5 章

城乡交错带典型流域面源污染影响因素分析

面源污染影响因素分析对于制定有效的污染控制方法至关重要。尽管环境因素对面源污染负荷具有显著影响,但现有研究多是针对单一因子的影响分析,多因素分析在面源污染影响因素分析中的应用较少,各影响因子在同一区域内的权重分布尚不明确(董蓓蓓等,2011)。

在不同区域内,面源污染影响因素既存在共性,也具有地域差异,差异性主要表现如下:(1)不同区域内,面源污染负荷的影响因子不同,如农事活动是造成太湖和滇池等湖泊流域面源污染的主要因素(蒋晓辉,2000),而地形和水文是造成三峡库区面源污染的主要因素(余炜敏,2005);(2)不同区域内,即使影响因子相同,其权重分布也可能存在差异;(3)不同区域内,相同的影响因子也可能导致不同的影响效果,如相似的耕作方式却导致旱地和水田的污染物输出量监测结论相异(马立珊等,1997;陈西平,1992)。因此,不能直接借鉴其他区域面源污染影响因素的分析结果,必须基于汤逊湖流域气候、地形地貌、水文和面源污染等实际特征针对性地分析流域复杂面源污染的特定影响因子(Zhuang et al,2015)。

本章的研究目的是,通过影响因子分析为复杂面源污染控制 BMPs 体系的构建提供依据。本章研究内容包括,运用 SOM 模型、线性相关和多元线性回归模型综合分析汤逊湖流域复杂面源污染负荷时空变化的主要影响因子。

本研究提出了一种基于负荷—面积曲线(Load—area curve)及其斜率来定量识别关键源区的方法(Zhuang et al,2016)。负荷—面积曲线能直观地反映特定研究区域内依次从高值区到低值区累积的负荷量随面积的变化情况,进而清晰地反映区域内污染负荷空间分布的集中程度及特征,为快速、灵活、针对性地制定环境保护措施提供依据。

5.1 面源污染影响因素分析方法

本研究尝试将定性与定量分析、单因素与多因素分析结合,综合应用神经网络、线性相关和多元拟合方法揭示汤逊湖流域复杂面源污染空间分布和时间变化的关键影响因素。

5.1.1 神经网络聚类分析

自组织映射(Self—Organizing Map,SOM)是一种非监督的人工神经网络,主要用于解决未知聚类中心的判别问题。SOM 模型能根据输入样本自适应调整网络,通过寻找最优参考矢量来对输入样本进行分类。

在 SOM 网络中,每一个节点即为一个神经元,神经元 i 对应一个 n 维权矢量 $m_i =$

$[m_{in}, \cdots, m_{in}]$。训练过程如下(Zhang et al,2008):

(1)对权矢量 m_i 进行初始化,设置初始学习率 $\alpha(0)$ 和迭代次数 N。

(2)从输入样本中随机选取 x 作为训练样本,采用欧氏距离计算每个神经元的训练样本与权矢量的距离,表达式见式(5.1)。

$$D_i = (\sum_{j=1}^{n}(x_{ij}-m_{ij})^2)^{1/2}, i = 1, 2, \cdots, m \tag{5.1}$$

筛选 D_i 最小的权矢量 v 作为最优匹配神经元(BMU),筛选过程表示为式(5.2)。

$$m_v : x-m_v = \min\{x-m_i\} \qquad \text{式}(5.2)$$

式中,m_v 为 BMU 的权矢量;x 为样本。

(3)修正最有匹配神经元 v 及其邻域内神经元的权矢量,修正规则见式(5.3)。

$$m_i(t+1) = m_i(t) + \alpha(t) \times h_{vi}(t) \times [x(t)-m_i(t)] \tag{5.3}$$

式中,$m_i(t)$ 和 $m_i(t+1)$ 分别为 t 时刻和 $t+1$ 时刻神经元 i 的权矢量;$\alpha(t)$ 为 t 时刻学习率;$h_{vi}(t)$ 为 t 时刻的 BMU 邻域。

(4)重复训练至 $t=N$。

SOM 模型利用 SOMToolBox 实现,整个模拟过程通过调用函数在 Matlab7.1 软件中完成。模拟过程中的参数设置,如学习率、邻域函数和邻域半径等,采用默认值。

5.1.2 线性相关分析

线性相关分析的目的是测度 TN、TP 负荷分别与各影响因子之间线性关系的强度,从而进一步分析各影响因子对氮磷负荷的影响程度。该研究用一元线性回归(Unary Linear Regression,ULR)来分析两个变量间的相关性。

计算汤逊湖流域内 TN、TP 负荷与土地利用类型、坡度、植被覆盖率($NDVI$)和降雨量等因素的 Pearson 相关系数。

线性模型用于不同输入变量间相关性的定量分析,其分析结果是对 SOM 模拟的有效补充。线性相关分析在 Origin7.5 软件中完成。

5.1.3 多元线性回归分析

多元线性回归分析(Multiple Linear Regression,MLR)是一种探讨因变量与自变量之间数量关系的统计分析方法。多元回归方程表达式见式(5.4)。

$$y = b_0 + b_1 \times x_1 + b_2 \times x_2 + \cdots + b_n \times x_n + \varepsilon \tag{5.4}$$

式中,y 为因变量;$x_1, x_2, \cdots, x_n$ 分别为 n 个自变量;$b_1, b_2, \cdots, b_n$ 分别为 n 个自变量对应的偏回归系数;ε 为随机误差项。偏回归系数为在其他自变量为常数的情况下,该自变量对因变量的影响大小。随机误差项表示除自变量以外的其他因素对因变量的影响。

多元线性回归模型通常采用最小二乘法(OLS)对参数进行估值,并通过多元判定系数 r^2(Coefficient of determinatio)来分析多元回归方程的拟合优度或各自变量对因变量的综合影响程度。相对于一元回归模拟,多元回归模拟的 r^2 值随着自变量个数的增加而增大,因此,为了消除这一影响,通常采用修正的判决系数 $\bar{r}^2$ 来代替 r^2。r^2 和 $\bar{r}^2$ 的表达式分别见式(5.5)和式(5.6)。

$$r^2=\frac{ESS}{TSS}=\frac{\sum(\hat{y}_i-\bar{y})^2}{\sum(y_i-\bar{y})^2} \tag{5.5}$$

式中,TSS 为总偏差平方和;ESS 为回归平方和。

$$\bar{r}^2=1-\frac{RSS/(n-k-1)}{TSS/(n-1)}=1-\frac{\sum(y_i-\hat{y}_i)^2/(n-k-1)}{\sum(y_i-\bar{y})^2/(n-1)} \tag{5.6}$$

式中,RSS 为残差平方和;n 为观测值个数;k 为自变量个数。

TSS、ESS 和 RSS 关系满足式(5.7)。

$$TSS=ESS+RSS \tag{5.7}$$

当 $k>1$ 时,$\bar{r}^2 \leqslant r^2$,即随着自变量的增加,$\bar{r}^2$ 会逐渐小于 r^2。r^2 和 $\bar{r}^2$ 值越接近 1,则表示多元回归方程的拟合程度越好。

本研究通过多元线性回归建立 TN、TP 负荷与所筛选的各因子间的多元线性回归方程。多元回归分析在 SPSS17.0 软件中完成。

5.2　面源污染影响因素分析步骤

面源污染影响因素分析步骤见图 5－1。

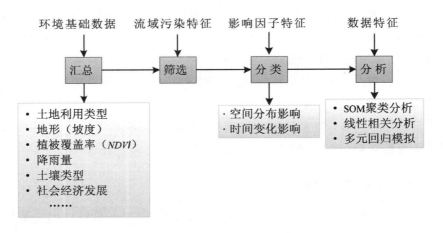

图 5－1　影响因素分析流程图

5.2.1　影响因子筛选

汤逊湖流域面源污染负荷的时空变化是多种因素综合作用的结果。由于汤逊湖流域面源污染属于典型的复杂面源类型,因此,影响面源污染负荷时空变化的因子相对于单一面源污染更为复杂,需综合农业面源和城市面源影响因子共同确定。已有研究表明,一般情况下面源污染负荷的影响因子主要包括自然影响因素和人为影响因素两种,其中,地形地貌、土壤植被、气候水文等属于自然影响因素；土地利用方式、农事活动和产业结构等属于人为影响因素。主要归纳如下：

（1）地形地貌

地形地貌主要影响区域径流量和水土流失，如坡度越大，则径流量和水土流失量越大。

（2）土壤植被

土壤植被对面源污染的影响主要表现为对径流和水土流失的影响。土壤类型、结构和理化性质会影响径流量和污染物迁移速率（许书军等，2004；李恋卿等，2001）。流域植被覆盖率越高，则水质越好，研究表明，坡面林地能有效减少约 60% 的固体污染物和 30%～50% 的营养物质（雷孝章等，2000）。

（3）土地利用方式

土地利用方式主要影响土壤侵蚀量、径流量及单位污染负荷浓度。对城市而言，土地利用方式的不同主要体现在下垫面上，不同下垫面径流中产生的污染物种类和浓度均不同（丁程程等，2011）。

（4）气候、水文特征

气候因素对面源污染负荷的影响主要体现在降雨径流上。地表径流是污染物迁移的主要载体。降雨量直接影响径流量大小及时空分布特征（王平，1998），降雨强度主要影响产流系数和土壤侵蚀量（傅涛等，2002；俞跃等，2010）。暴雨次数越多、频率越高、降雨量越大，则污染负荷量越大。

（5）农事活动和田间管理

农事活动，如农田使用时间、频率，耕作方式，农药和化肥施用方式，农业废弃物回收利用和堆放方式等，通过水文系统直接影响面源污染。水旱耕作方式对营养元素流失的影响较为显著，如农田漫灌可导致径流污染物直接排入受纳水体（易秀，2001）；而农药和化肥的施用规模直接决定氮磷和有机物流失量（马立珊等，1997）。

（6）社会经济因素

社会经济因素极为复杂，包括人口、政策、规划和经济发展等多个方面，其对面源污染负荷的影响主要通过社会经济活动来实现。社会经济活动直接影响土地利用方式、农事活动、居民生活方式和环保意识水平等（Horan，2001），这些因素进一步直接或间接地影响面源污染，如农村人口规模及增长速度直接影响农田利用程度，进而影响农业面源污染负荷量（邢光熹等，2001）。

根据汤逊湖流域的特点，影响面源污染负荷的因素主要包括土地利用类型、土壤类型、降雨量、坡度、植被覆盖率及社会经济因子等。其中，由于土地利用类型的变化体现在时空变化上，因此其对面源污染负荷的影响也同时体现在时空变化上；由于汤逊湖流域范围有限，整个区域内降雨量空间分布基本一致，因此降雨量对该区域面源污染负荷的影响主要体现在时间变化上；随着流域内城市化发展，坡度随时间变化相对较小，其对面源污染负荷的影响主要体现在空间分布上；不同土地利用类型植被覆盖率的分布差别较大，植被覆盖率对面源污染负荷的影响更多地体现在空间分布上;社会经济因子是一类综合影响因素,城市化在一定程度上反映了区域的社会经济发展情况,而土地利用变化,尤其是建设用地的增长是城市化发展的一个重要体现,因此,社会经济因子不单独分析。

基于影响因子的代表性、数据可获取性和数据形式的统一性等,分别按空间分布和时间变化两方面来分析确定汤逊湖流域 TN、TP 负荷的影响因子:

(1)空间分布影响因子分析

①土地利用方式 X_1:按不同土地利用类型分别分析;

②土壤类型 X_2:区域内一致,忽略;

③年降雨量 X_3:区域内一致,忽略;

④坡度 X_4:空间分布特征显著;

⑤植被覆盖率 X_5:空间分布特征显著;

⑥社会经济因子 X_6:区域内基本一致,忽略。

(2)时间变化影响因子分析

①土地利用方式 X_1:a. 土地利用程度综合指数;b. 建设用地、农用地、林地/绿地和未利用地面积百分比;

②土壤类型 X_2:年际无变化,忽略;

③年降雨量 X_3;

④坡度 X_4:年际变化不大,忽略;

⑤植被覆盖率 X_5:覆盖率高的区域,年际变化不大,忽略;

⑥社会经济因子 X_6:年际变化间接反映在土地利用变化上,不单独讨论。

综上所述,土地利用类型、坡度和植被覆盖率等是汤逊湖流域面源污染负荷空间分布的主要影响因子,土地利用类型和降雨量等是汤逊湖流域面源污染负荷时空变化的主要影响因子,因此,本研究着重对上述影响因子进行分析。

5.2.2　影响因子数据获取

(1)获取空间分布影响因子数据

由于汤逊湖流域面积相对较小,为便于统计,选取元胞(30m×30m)作为空间分布影响因子的分析单元。

① 土地利用类型属于属性数据,该研究按不同土地利用类型来分别统计 TN、TP 负荷及坡度和 NDVI 指标,以间接分析土地利用变化对 TN、TP 负荷空间分布的影响。在ArcGIS10.0中运用空间分析的"extract by mask"功能裁剪出不同土地利用类型的 TN、TP 负荷空间分布图。

② 在 ArcGIS10.0 中运用数据转换的"raster to point"功能将 TN、TP 负荷以及坡度和 NDVI 等空间分布影响因子的栅格图. img 数据转换成点文件的矢量层. shp 数据;将. shp 数据以元胞为单元进行统计输出,并导入 excel 中建立数据库。

（2）获取时间变化影响因子数据

① 以年为单位分别统计 1991 年、2001 年、2011 年、2020 年和 2030 年 TN、TP 负荷。

② 采用不同年份的土地利用程度综合指数 I 和各土地利用类型的面积百分比来描述土地利用的年际变化。土地利用程度综合指数通过土地利用变化模型计算获取；在 ArcGIS10.0 中通过统计元胞数，运用"元胞大小×元胞数"来计算各土地利用类型面积百分比。

③ 分别以枯水年（1997 年）、标准年（2008 年）和丰水年（1998 年）逐日降雨（降雨量是降雨数据的具体指标）数据作为输入条件，模拟 2020 年、2030 年的 TN、TP 负荷，并依此来分析降雨量对 TN、TP 负荷量年际变化的影响。

5.2.3　影响因子分析

（1）运用 SOM 模型对空间分布影响因子进行聚类分析；运用 Origin7.5 软件对各影响因子进行线性相关分析；在单因素分析的基础上运用多元线性回归模型对主要影响因子进行多元线性回归模拟。

（2）运用 Origin7.5 软件对各影响因子进行线性相关分析；运用多元线性回归模型对主要影响因子进行多元线性回归模拟。

5.3　影响因素分析数据来源与预处理

（1）空间分布影响因子分析数据

① TN、TP 负荷。基于 CA－AUNPS 模型模拟 TN、TP 负荷（见第 3 章），并通过栅格转矢量获取各元胞的 TN、TP 负荷值。

② 坡度。基于 DEM 数据、运用 ArcGIS10.0 的"Slope"分析获得坡度数据，并通过栅格转矢量获取各元胞的坡度值。

③ $NDVI$ 值。基于 2011 年 ETM＋遥感数据，在 $ENVI$ 中计算出 $NDVI$ 值，并通过栅格转矢量获取各元胞的 $NDVI$ 值。

元胞大小为 30m×30m，村镇/城市建设用地、农用地、林地/绿地和荒地/裸地的元胞数分别为 112 323 个、102 751 个、24 928 个和 1 173 个。由于 matlab7.1 中一次输入数据上限为 60 000，因此通过重分类将村镇/城市建设用地和农用地元胞大小转换成 45m×45m，则两种土地利用类型的元胞数分别减少为 50 004 个和 45 581 个，以转换后的数据进行 SOM 模拟。

（2）时间变化影响因子分析数据

① TN、TP 负荷。TN、TP 负荷的年均值基于 CA－AUNPS 模型模拟计算获得（见 3.6.1）；基于 CA－AUNPS 模型，分别以枯水年、标准年和丰水年的降雨数据为输入条件模拟 2020 年、2030 年不同降雨条件下的 TN、TP 负荷。

② 土地利用变化相关数据。每年的土地利用程度综合指数 I 由土地利用程度变化模型计

算获得,各土地利用类型的面积百分比在 ArcGIS10.0 中通过空间统计分析获得(见 2.2.1)。

③ 年降雨量数据。汤逊湖流域 1991—2011 年年降雨量数据从中国气象科学数据共享网获取;枯水年、标准年和丰水年由频率分析方法确定(见 3.1.3)。

5.4 汤逊湖流域面源污染影响因素分析

5.4.1 TN、TP 负荷空间分布影响因子分析

5.4.1.1 SOM 聚类分析

SOM 模型能直观地描述 TN、TP 负荷在空间分布上与坡度、NDVI 等影响因子的相关性。以单个元胞为统计单元,TN、TP 负荷与坡度、NDVI 指数的 SOM 模拟结果见图 5-2。

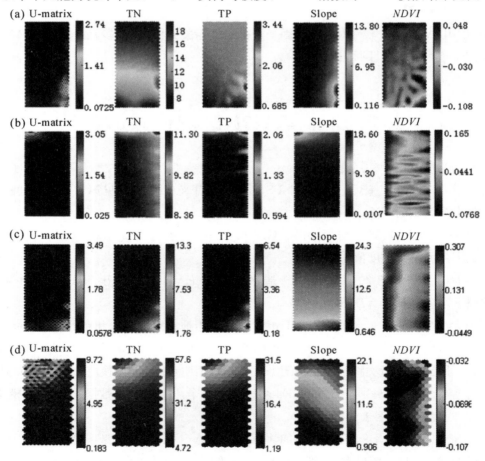

图 5-2　汤逊湖流域不同土地利用类型 TN、TP 负荷与坡度、NDVI 指数的 SOM 模拟结果

(a)村镇/城市建设用地;(b)农用地;(c)林地/绿地;(d)荒地/裸地

SOM 模拟最终得到反映各输入变量空间分布格局的可视化结果图。U－矩阵（Unified distance matrix, U－matrix）表示 SOM 网络中各相邻节点间的距离矩阵；组分平面（Component planes）表示各变量在 SOM 网络中的映射，反映每个变量通过自组织学习获取的数据特征。在各组分平面图中，同一坐标的节点对应于 SOM 网络中的同一神经元；颜色表示值的大小。当两个变量相同坐标点的颜色分布格局相似时，表示变量间具有一定相关性，颜色分布格局相似度越高，则相关性越大（Vesanto, 2002）。

由图 5－2 中颜色分布格局来看：

①在建设用地上，TN、TP 负荷高值区分布范围较大；TN 和 TP 负荷高值区近似分布在坡度高值区和 NDVI 低值区，但整体上 TN、TP 负荷与坡度和 NDVI 分布格局相似度不高。结果表明，在建设用地上，坡度越大、NDVI 越低，则 TN、TP 负荷越大；TN、TP 负荷受坡度和 NDVI 的影响均相对较小。这主要是由于，建设用地上坡度分布较平缓，同时植被覆盖率低，导致坡度和植被覆盖率对氮磷负荷的影响不显著。

②在农用地上，TN、TP 负荷高值区分布范围较小；TN、TP 负荷高值区分布在坡度高值区和 NDVI 低值区，整体分布格局的相似度较高；TN、TP 负荷与 NDVI 分布格局的相似性大于坡度。结果表明，在农用地上，坡度越大、NDVI 越低，则 TN、TP 负荷越大；NDVI 对 TN、TP 负荷的影响大于坡度。这主要是由于，农用地上坡度分布较平缓，同时植被覆盖率相对较高，导致植被覆盖率对 TN、TP 负荷的影响相对较大。

③在林地/绿地上，TN、TP 负荷高值区分布范围较小；TN 负荷高值区（9.26～13.3）和 TP 负荷高值区（4.36～6.54）主要集中在坡度高值区（14.8～24.3）和 NDVI 低值区（0～063）；TN、TP 负荷与坡度和 NDVI 分布格局的相似度均较高。结果表明，在林地/绿地上，坡度越大、NDVI 越低，则 TN、TP 负荷越大；坡度和 NDVI 对 TN、TP 负荷的影响均较大。这主要是由于，林地/绿地上坡度较大、且植被覆盖率高，导致坡度和植被覆盖率对 TN、TP 负荷的影响均较显著。

④在荒地/裸地上，TN、TP 负荷高值区分布范围较小；TN、TP 负荷高值区主要分布在坡度高值区，TN、TP 负荷与坡度在分布格局上近似；TN、TP 负荷高值区近似分布在 NDVI 低值区，且 TN、TP 负荷与 NDVI 在分布格局上的相似度小于坡度。结果表明，在荒地/裸地上，坡度越大、NDVI 越低，则 TN、TP 负荷越大；坡度对 TN、TP 负荷的影响大于 NDVI。这主要是由于，荒地/裸地上的植被覆盖率小，导致植被覆盖率对氮磷负荷的影响不显著。

5.4.1.2　线性相关分析

（1）坡度

作为一个重要的影响因子，坡度对 TN、TP 负荷的影响主要体现在空间分布上。由于流域坡度（地形）的年际变化不大，故坡度对 TN、TP 负荷量变化的影响较为稳定。考虑到不同土地利用类型的污染负荷单位浓度及下垫面等不同特征，为了排除土地利用类型对分析结果的干扰，坡度对 TN、TP 负荷空间分布的影响按不同的土地利用类型分别统计。不同土地利用类型上坡度的空间分布特征见图 5－3 和表 5－1。

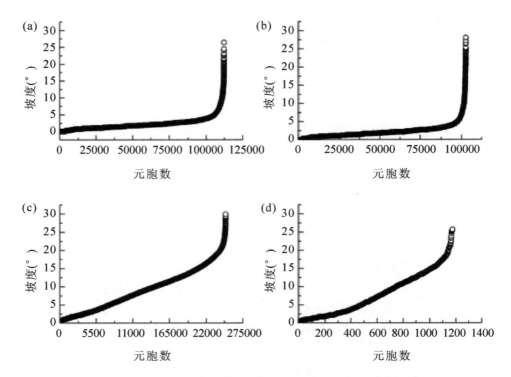

图 5-3 汤逊湖流域 2011 年不同土地利用类型的坡度分布
(a)村镇/城市建设用地；(b)农用地；(c)林地/绿地；(d)荒地/裸地

表 5-1 汤逊湖流域 2011 年不同土地利用类型的坡度分布

土地利用类型 ＼ 坡度	<5°(%)	5~10°(%)	10~20°(%)	>20°(%)	平均值(°)
村镇/城市建设用地	94.14	4.71	1.13	0.02	2.22
农用地	94.82	4.04	1.02	0.11	2.24
林地/绿地	29.69	27.83	39.17	3.31	9.06
荒地/裸地	40.89	22.57	33.90	2.64	7.88

　　从图 5-3 和表 5-1 可以看出，村镇/城市建设用地和农用地的坡度分布较为平缓，坡度小于 5°的分布比例分别是 94.14% 和 94.82%；林地/绿地和荒地/裸地上的坡度呈显著地梯度分布，坡度大于 5°的区域分别是 70.31% 和 59.11%，林地/绿地的坡度高值区比例较荒地/裸地更大。

　　不同土地利用类型的 TN、TP 负荷与坡度的相关性分析结果见图 5-4。

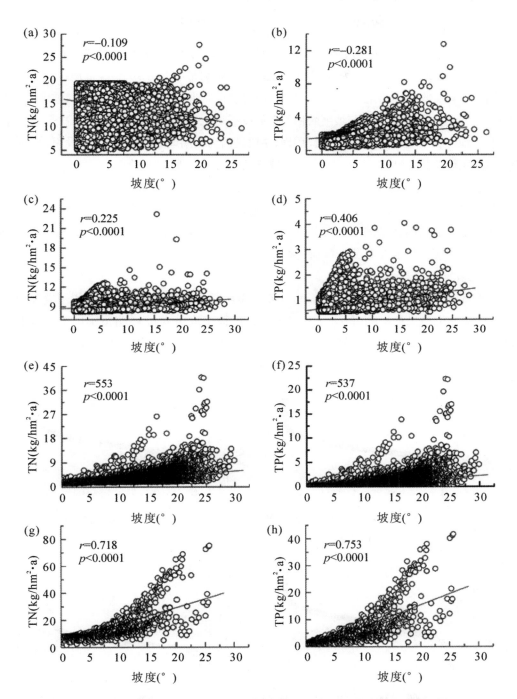

图 5—4　汤逊湖流域 2011 年不同土地利用类型的 TN、TP 负荷与坡度的相关性分析

（a）、（b）村镇/城市建设用地；（c）、（d）农用地；（e）、（f）林地/绿地；（g）、（h）荒地/裸地

从图 5—4 可以看出：

① 村镇/城市建设用地的 TN、TP 负荷与坡度的相关系数 r 最小，村镇/城市建设用地

的 TN、TP 负荷空间分布与坡度基本不相关；农用地的 TN 负荷与坡度不相关，TP 负荷与坡度呈显著正相关($r=0.406$）；林地/绿地和荒地/裸地的 TN、TP 负荷分别与坡度呈极显著低相关，林地/绿地 TN、TP 与坡度的相关性系数 r 分别是 0.553、0.537，荒地/裸地 TN、TP 与坡度的相关系数 r 分别是 0.718、0.753，结果表明，荒地/裸地 TN、TP 负荷与坡度的相关性大于林地/绿地。TN、TP 负荷与坡度的相关系数按不同土地利用类型从大到小依次是荒地/裸地>林地/绿地>农用地>村镇/城市建设用地，主要是因为农用地和村镇/城市建设用地坡度分布相对平缓，90% 以上区域坡度均小于 5°，该区域范围内坡度对 TN、TP 负荷的影响相对较小。

② 通过对 4 类土地利用类型的 TN、TP 负荷与坡度的相关性分析可知，整体上，TN、TP 负荷与坡度分布呈显著正相关，即相同情况下，坡度越大，TN、TP 负荷越大。

③ 4 类土地利用类型的 TN 负荷与坡度的相关系数较 TP 负荷与坡度的相关系数均相对小一些，结果表明，坡度对 TN 负荷的影响小于 TP 负荷。

（2）植被覆盖率

选择归一化植被指数（NDVI）作为植被覆盖率指标。同样，考虑土地利用类型这一影响因素对于分析结果的影响，NDVI 对 TN、TP 负荷空间分布的影响按不同的土地利用类型分别统计。不同土地利用类型上 NDVI 的空间分布特征见图 5—5 和表 5—2。

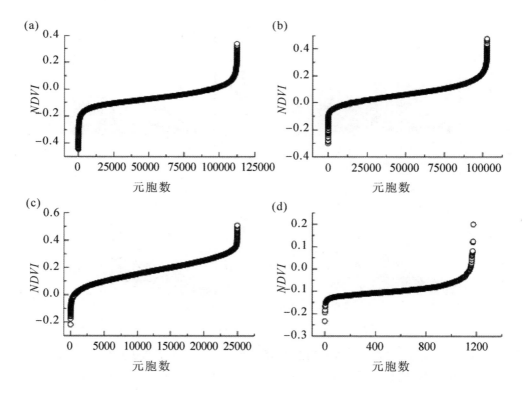

图 5—5　汤逊湖流域 2011 年不同土地利用类型的 NDVI 分布
（a）村镇/城市建设用地；（b）农用地；（c）林地/绿地；（d）荒地/裸地

表 5-2　汤逊湖流域 2011 年不同土地利用类型的 *NDVI* 分布

NDVI 土地利用类型	<-0.2(%)	-0.2~0(%)	0~0.2(%)	≥0.2(%)
村镇/城市建设用地	1.20	81.05	17.58	0.18
农用地	0	14.03	81.33	4.64
林地/绿地	0	2.12	57.19	40.68
荒地/裸地	0.09	97.36	2.47	0.09

从图 5-5 和表 5-2 可以看出,村镇/城市建设用地和荒地/裸地的植被覆盖率很低, *NDVI* ≤0 的分布比例分别是 82.24% 和 97.44%;农用地的植被覆盖率明显要高于村镇/城市建设用地和荒地/裸地, *NDVI* 主要集中分布在 0~0.2 范围内,其分布比例分别是81.33%;林地/绿地的 *NDVI* 在 0~0.2 和 ≥0.2 区域的分布比例分别是 57.19% 和40.68%,是植被覆盖率最高的区域。

不同土地利用类型的 TN、TP 负荷与 *NDVI* 的相关性分析统计结果分别见图 5-6。

由图 5-6 可知:

①村镇/城市建设用地 TN、TP 负荷与 *NDVI* 均呈负相关,TP 负荷与 *NDVI* 呈极显著负相关($r=-0.431$);农用地的 TN、TP 负荷分别与 *NDVI* 均呈显著负相关,相关系数 r 分别是 -0.486 、 -0.543 ;林地/绿地的 TN 负荷与 *NDVI* 呈极显著负相关,TP 负荷与 *NDVI* 不相关;荒地/裸地的 TN、TP 负荷与 *NDVI* 均不相关。不同土地利用类型按 TN 负荷与 *NDVI* 相关系数从大到小依次是:林地/绿地>农用地>村镇/城市建设用地>荒地/裸地;按 TP 负荷与 *NDVI* 相关系数从大到小依次是:农用地>村镇/城市建设用地>林地/绿地>荒地/裸地。

②从不同土地利用类型上 TN、TP 负荷与 *NDVI* 相关性分析可知,整体上,TN、TP 负荷与 *NDVI* 分布呈显著负相关,即相同情况下, *NDVI* 越大,TN、TP 负荷越小。

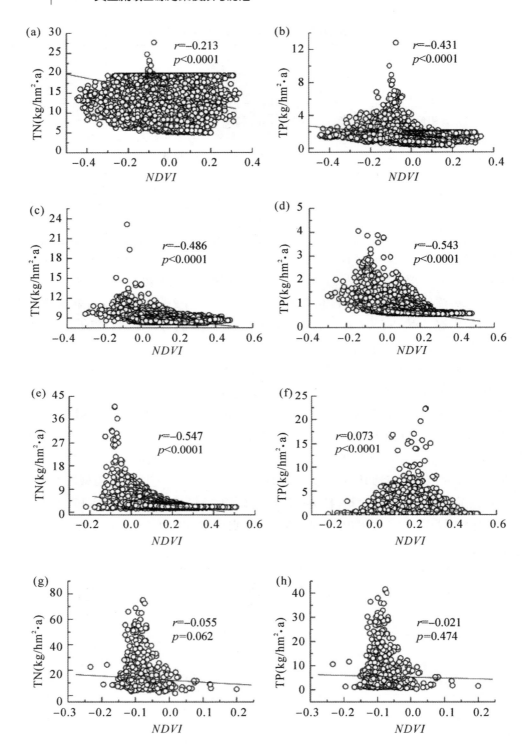

图 5—6　汤逊湖流域 2011 年不同土地利用类型的 TN、TP 负荷与 NDVI 的相关性分析

(a)、(b)村镇城市建设用地；(c)、(d)农用地；(e)、(f)林地/绿地；(g)、(h)荒地、裸地

5.4.1.3 多元线性回归分析

（1）村镇/城市建设用地

以村镇/城市建设用地上"TN/TP 负荷"作为因变量、"Slope"和"NDVI"为自变量，多元回归方程见式（5.8）和式（5.9）。

$$TN \text{ 负荷}=0.239\times\text{Slope}-8.086\times NDVI-15.681$$
$$t \quad (-13.490) \quad (-16.954) \quad (275.287) \tag{5.8}$$
$$r^2=0.047, \bar{r}^2=0.047, p=0.000, df=9999$$
$$TP \text{ 负荷}=0.043\times\text{Slope}-1.845\times NDVI+1.423$$
$$t \quad (27.147) \quad (-42.987) \quad (277.530) \tag{5.9}$$
$$r^2=0.198, \bar{r}^2=0.198, p=0.000, df=9999$$

式中，r^2 为多元判定系数；$\bar{r}^2$ 为修正的多元判定系数；p 为显著性指数；df 为自由度。

基于式（5.8）和式（5.9），TN、TP 负荷模拟结果见图 5—7。

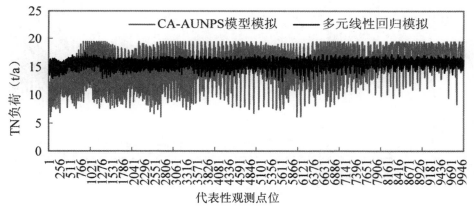

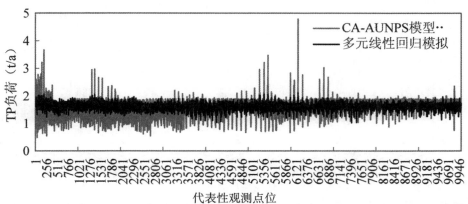

图 5—7　基于 CA—AUNPS 模型及多元线性回归模型模拟村镇/城市建设用地上 TN、TP 负荷

（a）TN 负荷模拟结果对比；（b）TP 负荷模拟结果对比

（2）农用地

以农用地上"TN、TP 负荷"作为因变量、"Slope"和"NDVI"为自变量，多元线性回归方

程见式(5.10)和式(5.11)。

$$TN \text{ 负荷} = 0.035 \times \text{Slope} - 1.984 \times NDVI + 9.174$$
$$t \quad (20.466) \quad (-50.389) \quad (1760.413)$$
$$r^2 = 0.232, \bar{r}^2 = 0.232, p = 0.000, df = 9999$$
(5.10)

$$TP \text{ 负荷} = 0.031 \times \text{Slope} - 0.775 \times NDVI + 0.694$$
$$t \quad (82.005) \quad (-89.221) \quad (604.344)$$
$$r^2 = 0.602, \bar{r}^2 = 0.601, p = 0.000, df = 9999$$
(5.11)

基于式(5.10)和式(5.11),TN、TP 负荷模拟结果见图5—8。

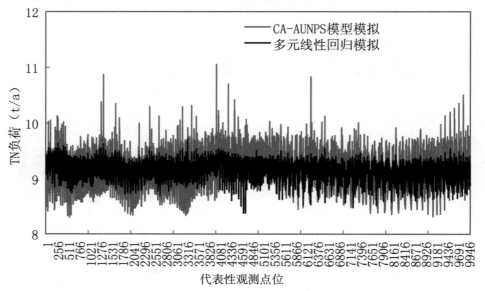

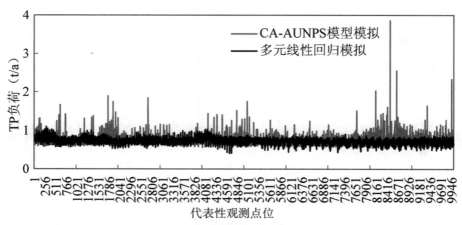

图 5—8　基于 CA—AUNPS 模型及多元线性回归模拟农用地上 TN、TP 负荷结果的对比

(3)林地/绿地

以林地/绿地上"TN/TP 负荷"作为因变量、"Slope"和"NDVI"为自变量,多元线性回归结果见式(5.12)和式(5.13)。

$$TN \text{ 负荷} = 0.145 \times \text{Slope} - 7.878 \times NDVI + 2.947$$
$$t \quad (60.523) \quad (-50.858) \quad (76.562)$$
$$r^2 = 0.471, \bar{r}^2 = 0.471, p = 0.000, df = 9999 \tag{5.12}$$

$$TP \text{ 负荷} = 0.077 \times \text{Slope} - 4.967 \times NDVI + 0.820$$
$$t \quad (57.710) \quad (-57.702) \quad (38.315)$$
$$r^2 = 0.488, \bar{r}^2 = 0.488, p = 0.000, df = 9999 \tag{5.13}$$

基于式(5.12)和式(5.13)，TN、TP 负荷模拟结果见图 5—9。

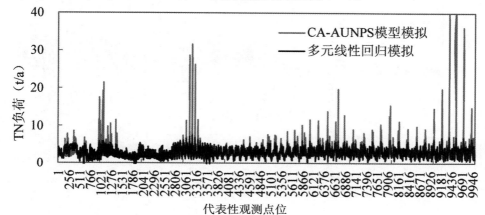

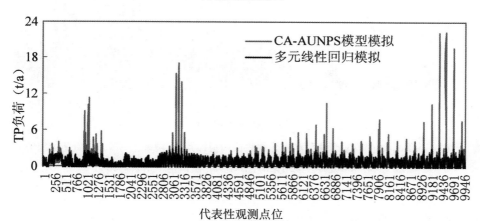

图 5—9　基于 CA—AUNPS 模型和多元线性回归模拟林地/绿地上 TN、TP 负荷结果的对比

(a)TN 负荷模拟结果对比；(b)TP 负荷模拟结果对比

（4）荒地/裸地

在荒地/裸地上以"TN/TP 负荷"作为因变量、"Slope"和"NDVI"分别为自变量，多元线性回归结果见式(5.14)和式(5.15)。

$$TN \text{ 负荷} = 1.388 \times \text{Slope} - 68.207 \times NDVI - 3.552$$
$$t \quad (39.088) \quad (-11.901) \quad (-5.247)$$
$$r^2 = 0.567, \bar{r}^2 = 0.567, p = 0.000, df = 1173 \tag{5.14}$$

$$TP \text{ 负荷} = 0.867 \times Slope - 36.384 \times NDVI - 4.550$$
$$t \quad (42.561) \quad (-11.065) \quad (-11.717) \tag{5.15}$$
$$r^2 = 0.608, \bar{r}^2 = 0.607, p = 0.000, df = 1173$$

基于式(5.14)和式(5.15)，TN、TP 负荷模拟结果见图 5—10。

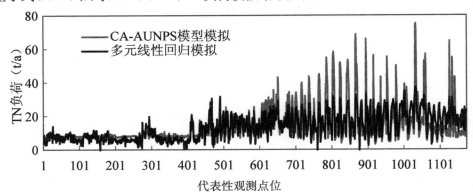

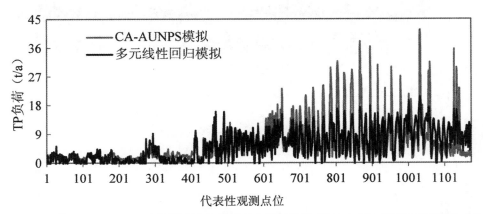

图 5—10　基于 CA—AUNPS 模型和多元线性回归模拟荒地/裸地上 TN、TP 负荷结果的对比
(a)TN 负荷模拟结果对比；(b)TP 负荷模拟结果对比

由多元线性回归及模拟结果可知：

(1)对 4 种土地利用类型，TN 负荷与 Slope 和 NDVI 多元线性回归按 r^2 从大到小依次是荒地/裸地(0.567)＞林地/绿地(0.471)＞农用地(0.232)＞村镇/城市建设用地(0.047)；TP 负荷与 Slope 和 NDVI 多元线性回归按 R^2 从大到小依次是荒地/裸地(0.608)＞农用地(0.602)＞林地/绿地(0.488)＞村镇/城市建设用地(0.198)。R^2 越大，表明多元回归模型拟合程度越好。

(2)通过对比 4 种土地利用类型上多元线性回归模拟结果，荒地/裸地上多元线性回归模拟值与 CA—AUNPS 模型模拟值拟合程度最好，其次是林地/绿地和农用地，村镇/城市建设用地相对最差。拟合程度与多元线性回归方程判定系数 r^2 分析结果一致。

5.4.2　TN、TP 负荷时间变化影响因子分析

根据汤逊湖流域特征,该研究选取土地利用类型和年降雨量作为流域面源污染负荷的时间变化影响因子。其中,土地利用类型以土地利用综合指数、不同土地利用类型的面积百分比作为输入数据。

5.4.2.1　线性相关分析

(1)土地利用类型

土地利用综合指数 I 反映汤逊湖流域的城市化发展程度,是土地利用类型变化的综合指标。土地利用综合指数 I 与 TN、TP 负荷的相关性分析结果见图 5—11。

由图 5—11 可知,土地利用程度综合指数 I 分别与 TN、TP 负荷呈正相关,其中与 TP 负荷呈显著正相关($r=0.935$)。结果表明,即随着城市化发展,TN、TP 负荷将继续呈增长趋势,城市化引起的土地利用类型的变化是导致 TN、TP 负荷增长的主要因素。

汤逊湖流域不同土地利用类型时空分布的年际变化较大,土地利用类型空间变化直接影响 TN、TP 负荷的空间变化,并随着城市化进程在时间尺度上持续影响 TN、TP 负荷量的变化,因此,土地利用变化是影响汤逊湖流域 TN、TP 负荷变化的主要因素。

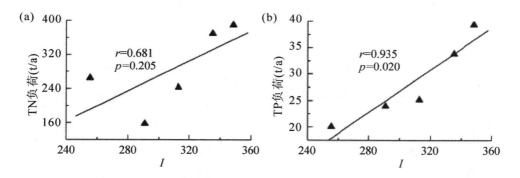

图 5—11　TN、TP 负荷与土地利用综合指数相关性分析
(a)TN 负荷与土地利用程度综合指数相关性;(b)TP 负荷与土地利用程度综合指数相关性

1991—2030 年汤逊湖流域 5 种土地利用类型与 TN、TP 负荷的相关性分析见图 5—12。
由图 5—12 分析可知:

①村镇/城市建设用地与 TN、TP 负荷呈正相关,其中与 TP 负荷呈极显著正相关($r=0.970$);农用地与 TN、TP 负荷呈负相关,其中与 TN 负荷呈极显著负相关($r=-0.992$);林地/绿地与 TN、TP 负荷相关性不显著;荒地/裸地与 TN、TP 负荷呈负相关,其中与 TN 负荷呈显著负相关($r=-0.954$);水域与 TN、TP 负荷呈负相关,其中与 TP 负荷呈显著负相关($r=-0.941$)。通过分析 TN、TP 负荷与各土地利用类型面积比可知,TN 负荷与 5 种土地利用类型相关性从大到小依次是:农用地＞荒地/裸地＞村镇/城市建设用地＞水域＞林地/绿地;TP 负荷与 5 种土地利用类型相关性从大到小依次是:村镇/城市建设用地＞水域

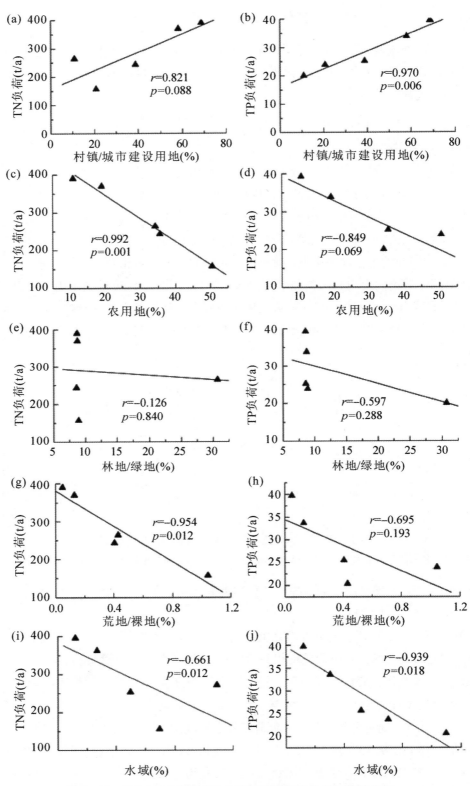

图5－12　TN、TP负荷与各土地利用面积百分比的相关性分析

＞农用地＞荒地/裸地＞林地/绿地。

②在汤逊湖流域总面积一定的前提下,随着村镇/城市建设用地的增长以及农用地、林地/绿地、荒地/裸地和水域面积的逐年减少,TN、TP 负荷呈增长趋势。

(2)降雨量

汤逊湖流域面积较小,降雨量分布均匀,因此,降雨量对 TN、TP 负荷空间分布影响较小,降雨量对 TN、TP 负荷的影响主要体现在降雨量年际变化导致的 TN、TP 负荷量的变化。

汤逊湖流域降雨量的年际变化具有一定不确定性。在面源污染负荷模拟过程中,该研究通过频率分析对 1991—2011 年年降雨量进行频率分析来确定枯水年(10%)、标准年(50%)和丰水年(90%),并以典型年份的逐日降雨量作为模型模拟的输入条件。为了在排除其他因素影响的前提下来分析降雨量对 TN、TP 负荷的影响,该研究分别以枯水年、标准年和丰水年的逐日降雨量数据作为输入条件模拟 2020 年和 2030 年的面源污染负荷,并进一步分析降雨量对于 TN、TP 负荷的影响。表 5—3 为不同降雨条件下各土地利用类型的年径流深。

表 5—3　汤逊湖流域不同降雨条件下各土地利用类型的年径流深

典型年 ＼ 土地利用类型	村镇/城市建设用地(mm)	农用地(mm)	林地/绿地(mm)	荒地/裸地(mm)	年降雨量(mm)
枯水年(1997 年)	232.09	133.64	98.20	213.05	946.6
标准年(2008 年)	363.39	237.40	180.99	343.63	1266.8
丰水年(1998 年)	687.60	530.49	453.19	661.82	1729.2

运用 CA—AUNPS 模型、以不同降雨条件下的逐日降雨量作为输入条件分别模拟出 2020 年和 2030 年在枯水年、标准年和丰水年下的 TN、TP 负荷,污染负荷量统计结果见图 5—13(彩色图见书后附页)和表 5—4。

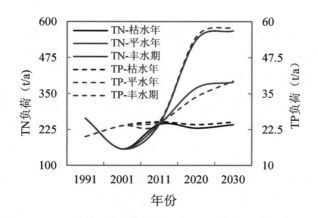

图 5—13　汤逊湖流域不同降雨条件下面源污染负荷模拟结果

表5—4　汤逊湖流域不同降雨条件下2020年和2030年面源污染负荷模拟结果

年份	降雨条件	枯水年	标准年	丰水年
2020	TN（t/a）	230.03	370.06	537.48
	TP（t/a）	24.24	33.89	54.76
2030	TN（t/a）	241.95	390.12	568.02
	TP（t/a）	25.12	39.40	58.07

由图5—13和表5—4可知：

①无论是在枯水年、标准年和丰水年，2020—2030年面源污染负荷均存在一个稳定的增长趋势，但增长幅度不大。

②在标准年和丰水年的降雨条件下，2011—2030年TN、TP整体呈增长趋势；但在枯水年条件下，2020年的TN和TP负荷均小于2011年的污染负荷量，结果表明，在快速城市化背景下，尽管TN、TP负荷总体呈增长趋势，但在特殊自然条件（枯水年）下，TN、TP负荷也可能呈下降趋势。陈利顶等通过在河北省遵化市景观特征差异明显的4个流域进行地表水采样监测发现，该区域平水年不同季节地表水中面源污染氮含量高于干旱年份，反映出平水年份降雨驱动的地表和地下径流对面源污染的形成具较大作用（陈利顶等，2002），研究结果与本研究模拟结果一致，表明降雨是影响面源污染氮磷流失时序变化的重要因素。

5.4.2.2　多元线性回归分析

本研究运用SPSS17.0中逐步回归来分析多个因子对TN、TP负荷的影响。多元线性回归按影响因子分2组进行分析，如下：

（1）以"年降雨量"和"土地利用综合指数"为自变量

以"TN/TP负荷"作为因变量，"年降雨量"和"土地利用综合指数"为自变量，模拟结果见式（5.16）和式（5.17）。

$$TN 负荷=0.223×年降雨量+2.698×土地利用综合指数-824.232$$
$$t　（16.317）　　　　（20.864）　　　　　　（-16.517）　（5.16）$$
$$r^2=0.998,\bar{r}^2=0.992,p=0.004,df=4$$
$$TP 负荷=0.007×年降雨量+0.230×土地利用综合指数-50.894$$
$$t　（1.695）　　　　　（5.975）　　　　　　　（-3.432）　（5.17）$$
$$r^2=0.948,\bar{r}^2=0.897,p=0.052,df=4$$

式中，r^2为多元判定系数，$\bar{r}^2$为修正的多元判定系数，p为显著性指数，df为自由度。

（2）以"年降雨量"和"土地利用面积百分比"为自变量

以"TN负荷"作为因变量，"年降雨量"和"不同土地利用面积百分比"分别为自变量进行逐步回归，模拟结果见式（5.18）和式（5.19）。

TN 负荷＝0.011×年降雨量－5.847×农用地百分比－10.101×荒地/裸地百分比＋450.845

t　　(0.308)　　　　　　(－2.345)　　　　　　　(－0.099)　　　　　　　(8.000)

$$r^2=0.993,\bar{r^2}=0.946,p=0.148,df=4 \tag{5.18}$$

TP 负荷＝0.022×年降雨量－0.783×建设用地百分比－6.227×水域百分比＋137.912

t　　(8.842)　　　　　　(－6.032)　　　　　　　(－8.524)　　　　　　(9.465)

$$r^2=0.999,\bar{r^2}=0.997,p=0.035,df=4 \tag{5.19}$$

基于式(5.16)—式(5.19)，TN、TP 负荷多元回归模拟结果见图 5—14。

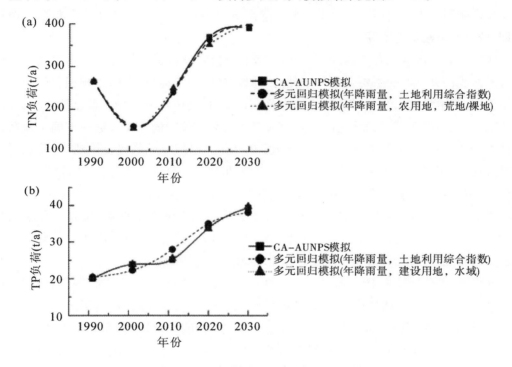

图 5—14　基于多元线性回归模型的面源污染负荷模拟

(a)TN 负荷模拟；(b)TP 负荷模拟

由图 5—14 可知：

①在 TN 负荷多元线性回归模拟中，TN 负荷＝－824.232＋0.223×年降雨量＋2.698×土地利用综合指数，TN 负荷＝450.845＋0.011×年降雨量－5.847×农用地面积百分比－10.101×荒地/裸地面积百分比，多元回归判定系数 r^2 分别是 0.998 和 0.993，拟合结果很好。

②在 TP 负荷多元线性回归模拟中，TP 负荷＝－50.894＋0.007×年降雨量＋0.230×土地利用综合指数($r^2=0.948$)，TP 负荷＝137.912＋0.022×年降雨量－0.783×建设用地百分比－6.227×水域百分比($r^2=0.999$)，多元回归判定系数 r^2 分别是 0.948 和 0.999，拟

合结果很好。

③在汤逊湖流域，村镇/城市建设用地和农用地是两种主要用地类型，其中，对于 TN 而言，农用地是主要影响地类；对于 TP 而言，村镇/城市建设用地是主要影响地类。

5.3　本章小结

汤逊湖流域复杂面源污染负荷时空变化是多种因素综合作用的结果。TN、TP 负荷时间变化影响因子主要包括土地利用类型和降雨量，空间分布的影响因子主要包括土地利用类型、坡度和植被覆盖率等。

线性相关分析结果表明：从土地利用类型看，村镇/城市建设用地和农用地是影响汤逊湖流域面源污染负荷的主要土地利用类型，林地/绿地和荒地/裸地的影响相对较小。从降雨量看，年降雨量越大，TN、TP 负荷量越大。TN、TP 负荷与坡度分布呈显著正相关，即相同情况下，坡度越大，TN、TP 负荷越大；TN、TP 负荷与坡度的相关系数按不同土地利用类型从大到小依次是荒地/裸地＞林地/绿地＞农用地＞村镇/城市建设用地，主要是因为村镇/城市建设用地和农用地上坡度分布相对平缓，坡度对 TN、TP 负荷的影响较小。TN、TP 负荷与 NDVI 分布呈显著负相关，即相同情况下，NDVI 越大，TN、TP 负荷越小；TN 负荷与不同 NDVI 的相关系数按不同土地利用类型从大到小依次是林地/绿地＞农用地＞村镇/城市建设用地＞荒地/裸地，TP 负荷与 NDVI 相关系数按不同土地利用类型从大到小依次是农用地＞村镇/城市建设用地＞林地/绿地＞荒地/裸地。

SOM 聚类分析结果表明：在整个流域内，坡度越大、NDVI 越低，则 TN、TP 负荷越大，SOM 聚类分析结果与线性相关分析结果一致。其中，在村镇/城市建设用地上，TN、TP 负荷受坡度和 NDVI 影响均相对较小，主要是由于，建设用地上坡度分布较平缓，同时植被覆盖率低，导致坡度和植被覆盖率对氮磷负荷的影响不显著；在农用地上，NDVI 对 TN、TP 负荷的影响大于坡度，主要是由于农用地上坡度分布较平缓，同时植被覆盖率相对较高，导致植被覆盖率对氮磷负荷的影响相对较大；在林地/绿地上，坡度和 NDVI 对 TN、TP 负荷的影响均较大，主要是由于林地/绿地上坡度较大、且植被覆盖率高，导致坡度和植被覆盖率对氮磷负荷的影响均较显著；在荒地/裸地上，坡度对 TN、TP 负荷的影响大于 NDVI，主要是由于荒地/裸地上的植被覆盖率小，导致植被覆盖率对氮磷负荷的影响不显著。

多元回归分析结果表明：TN、TP 负荷与空间分布影响因子的多元线性回归方程为，在荒地/裸地上，TN 负荷＝$-3.552+1.388\times$Slope$-68.207\times$NDVI（$r^2=0.567$），TP 负荷＝$-4.550+0.867\times$Slope$-36.384\times$NDVI（$r^2=0.608$），多元回归拟合程度最好，表明在荒地/裸地上 Slope 和 NDVI 对 TN、TP 负荷的综合影响最显著；TN 负荷与 Slope 和 NDVI 多元线性回归按 r^2 从大到小依次是荒地/裸地＞林地/绿地＞农用地＞村镇/城市建设用地，TP 负荷与 Slope 和 NDVI 多元线性回归按 r^2 从大到小依次是荒地/裸地＞农用地

＞林地/绿地＞村镇/城市建设用地。TN、TP 负荷与时间变化影响因子的多元线性回归方程分别为,TN 负荷＝－824.232＋0.223×年降雨量＋2.698×土地利用程度综合指数(r^2＝0.998),TN 负荷＝450.845＋0.011×年降雨量－5.847×农用地面积百分比－10.101×荒地/裸地面积百分比(r^2＝0.993),TP 负荷＝137.912＋0.022×年降雨量－0.783×村镇/城市建设用地百分比－6.227×水域面积百分比(r^2＝0.97386),TP 负荷＝－50.894＋0.007×年降雨量＋0.230×土地利用综合指数(r^2＝0.99961),结果表明,年降雨量和土地利用程度是影响面源污染负荷时间变化的主要因素;在 5 种土地利用类型中,农用地是影响 TN 负荷的主要地类,村镇/城市建设用地是影响 TP 负荷的主要地类。

参 考 文 献

[1]　Horan RD. Differences in social and public risk perceptions and conflicting impacts on point/nonpoint trading ratios [J]. American Journal of Agricultural Economics, 2001, 83(4): 934—941.

[2]　Vesanto J. Data exploration process based on the self—organizing map. Helsinki University of Technology, 2002.

[3]　Zhang L, Scholz M, Mustafa A, et al. Assessment of the nutrient removal performance in integrated constructed wetlands with the self—organizing map. Water Research, 2008, 42(13): 3519—3527.

[4]　Zhuang Y, Hong S, Zhan F. B., et al. Influencing factor analysis of phosphorus loads from non—point source: a case study in central China[J]. Environmental Monitoring and Assessment, 2015, 187(11): 718.

[5]　陈利顶, 傅伯杰, 张淑荣, 等. 异质景观中非点源污染动态变化比较研究[J]. 生态学报, 2002, 22, (3): 374—377.

[6]　陈西平. 三峡库区农田径流污染情势分析及对策[J]. 环境污染与防治, 1992, 14(5): 31—34.

[7]　丁程程, 刘健. 中国城市面源污染现状及其影响因素[J]. 中国人口·资源与环境, 2011, 21(3): 86—89.

[8]　董蓓蓓, 马淑花, 曹宏斌, 等. 我国农田总氮流失影响因素分析[J]. 农业环境科学学报, 2011, 30(10): 2040—2045.

[9]　傅涛, 倪九派, 魏朝富, 等. 雨强对三峡库区黄色石灰土养分流失的影响[J]. 水土保持学报, 2002, 16(2): 33—35.

[10]　蒋晓辉. 滇池面源污染及其综合治理[J]. 云南环境科学, 2000, 19(4): 33—34.

[11]　雷孝章, 陈季明, 赵文谦. 森林对非点源污染的调控研究[J]. 重庆环境科学, 2000, 22(2): 41—44, 53.

[12]　李恋卿, 潘根兴, 张平究, 等. 太湖地区水稻土颗粒中重金属元素的分布及其对环境变化的响应[J]. 环境科学学报, 2001, 21(5): 607—612.

[13]　马立珊, 汪祖强, 张水铭, 等. 苏南太湖水系农业面源污染及其控制对策研究[J]. 环境科学学报, 1997, 17(1): 39—47.

[14]　王平. 沙颖河流域降雨径流污染预报模型的研究[J]. 上海环境科学, 1998, 17(7): 20—23.

[15]　邢光熹, 施书莲. 苏州地区水体氮污染状况[J]. 土壤学报, 2001, 38(4): 540—546.

［16］ 许书军，魏世强，谢德体. 非点源污染影响因素及区域差异［J］. 长江流域资源与环境，2004，13(4)：389—393.

［17］ 易秀. 农事活动对水资源的非点源污染问题［J］. 西安工程学院学报，2001，23(2)：42—45.

［18］ 余炜敏. 三峡库区农业非点源污染及其模型模拟研究［D］. 重庆：西南农业大学，2005.

［19］ 俞跃，宋玉梅，唐文浩. 模拟降雨条件下万泉河流域农田养分流失特征及面源污染源强研究［J］. 安徽农业科学，2010，(17)：9158—9160.

第 6 章

城乡交错带典型流域面源 BMPs 体系构建

　　汤逊湖流域属于典型的复杂面源区域。BMPs 因其工艺相对简单、能适应面源污染的复杂特征以及具有显著的生态环境效益,逐渐成为面源污染控制的主要手段。

　　由于面源污染是随着城市化发展的一个动态过程(万金保等,2008),因此,流域面源污染治理措施的制定应根据面源污染特征的变化而变化。随着各种污染控制措施的日益增多,结合区域实际特征探寻最优化的 BMPs 措施组合已成为发展趋势(韩秀娣,2000)。此外,BMPs 体系不仅要能有效治理面源污染,还应体现出一定的生态价值,促进流域生态环境保护的可持续发展。

　　本章的研究目的是,制定针对性的复杂面源污染控制措施,有效保护汤逊湖流域水环境质量。

　　本章的研究内容是,一方面,针对汤逊湖流域面源污染特征,构建具有针对性的、操作性强的、效率高的复杂面源污染控制 BMPs 体系;另一方面,对构建的 BMPs 体系进行有效性评估,评估内容包括社会、经济和生态环境效益。

6.1　面源污染控制 BMPs 体系构建依据与方法

6.1.1　BMPs 体系构建思想与依据

6.1.1.1　BMPs 体系构建思想

（1）城乡统筹

　　由于汤逊湖流域处于城乡交错带,流域面源污染兼顾农业面源和城市面源污染特征,因此,面源污染控制措施的制定必须体现城乡统筹的思想。

（2）整体和局部治理相结合

　　从整体看,汤逊湖流域内农业面源与城市面源交错分布;从局部看,流域内部分区域以城市面源为主(如东北部的东湖高新区),部分区域以农业面源为主(如东南部的五里界)。在制定整个流域的面源污染控制措施时,应针对局部特征相应地制定子区面源污染控制措施。

（3）源头－过程－末端全过程控制

　　在制定宏观管理 BMPs 措施的前提下,分别制定源头控制 BMPs、过程削减 BMPs 和末端治理 BMPs,通过多重控制最大限度地减少流域面源污染负荷产生量、提高面源污染控制效率。

(4)关键源区优先控制

控制面源污染所采取的 BMPs 需要投入大量的人力、物力和财力,植被缓冲带和湿地等生态工程建设需要占用大量土地资源,因此,需要基于关键源区分布制定优先分级控制策略,将治理重点和有限的资源优先投入到流域内污染负荷最高、且对水体危害可能性最大而范围相对较小的敏感地区和地段,降低面源污染控制难度的同时,提高面源污染控制成效。

6.1.1.2　BMPs 体系构建依据

汤逊湖流域复杂面源污染控制 BMPs 体系构建的主要依据如下:

(1)面源污染负荷分布特点

根据汤逊湖流域关键源区识别结果,约 34.33% 和 35.94% 的 TN 和 TP 负荷主要集中分布在 20.74% 和 19.62% 范围内,且负荷高值区主要分布在村镇/城市建设用地上;根据关键用地类型分析,汤逊湖流域面源污染负荷按不同土地利用类型从大到小依次是:村镇/城市建设用地>农用地>荒地/裸地>林地/绿地,即面源污染负荷高值区主要分布在村镇/城市建设用地和农用地上,林地/绿地污染负荷相对较小、且离汤逊湖相对较远,荒地/裸地面积小、且零星分布。

综上,BMPs 以村镇/城市建设用地和农用地的面源污染控制作为主要控制地类,且优先考虑城市面源。汤逊湖流域农业面源来源包括农田径流、养殖源、生活源等,其中农田径流是主要控制对象;城市面源来源以路面径流和屋面径流为主要控制对象。

(2)面源污染主要影响因子

土地利用类型、降雨量、坡度和植被覆盖率是主要影响因子,同时也是 BMPs 措施的主要控制方向。其中,土地利用类型拟从宏观管理方面进行控制,主要是从土地利用规划和景观生态规划角度实行优化控制;面源污染主要集中在暴雨季节(焦荔,1991),通过设立暴雨季节径流疏导应急措施来尽量降低降雨量对面源污染的影响;坡度和植被覆盖率分别在源头控制、过程削减和末端治理中通过相应的 BMPs 措施加以控制。

(3)汤逊湖水质空间分布

面源污染是影响汤逊湖水质的重要因素。汤逊湖水质空间分布为面源污染控制措施的制定提供了参考,水质污染严重的区域,其对应的汇水区应作为面源污染控制的重点区域。

(4)农业和城市活动特点

农业区域活动特点主要包括施肥、养殖、农村生活污水排放及垃圾处理等;城市活动特点主要包括雨污水收集、生活垃圾处理及交通运输方式等。环保、科学的生活方式有助于减少面源污染。

6.1.2　BMPs 体系构建步骤

复杂面源污染控制 BMPs 体系构建步骤如下:

(1)基于 RS 和 GPS 技术收集地形地貌、植被和特殊点位置信息,运用 GIS 对相关数据进行处理。

（2）结合流域子行政区分区和面源污染负荷权重分布图，划分不同面源污染控制 BMPs 子区。

（3）分析流域面源污染的主要影响因子。

（4）在 ArcGIS10.0 中运用"Spatial analysis tools / interpolation"功能对水质监测点数据进行空间插值，得到汤逊湖水质空间分布图。

（5）根据流域实际特征，构建复杂面源 BMPs 体系，整个体系分为源头控制 BMPs、过程削减 BMPs、末端治理 BMPs 和宏观管理 BMPs4 个子体系，同时，为增强 BMPs 措施的可操作性，基于关键源区及关键影响因子空间分布，以子区为单元进一步细化 BMPs。

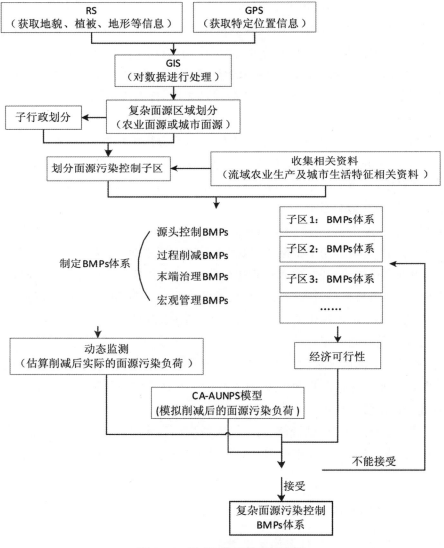

图 6-1　BMPs 体系构建流程图

整个体系构建过程中,主要技术支持包括 3S 技术、动态监测技术和面源污染负荷模拟技术、关键源区识别技术等。其中,3S 技术作为新的技术手段,有利于不同时间和空间尺度下 BMPs 环境生态效益的评估。

构建步骤详见图 6—1。

6.1.3　BMPs 体系构建数据来源与预处理

(1)地形地貌、土地利用情况和水系等数据

基于 TM 和 ETM+遥感影像数据,运用 ERDAS9.2 软件获取土地利用分类图,并运用 GPS 技术精确定位特殊点(如水系位置和监测点位等)(数据见第 2 章、第 3 章);基于 DEM 数据、运用 ArcGIS10.0 的"Slope"分析获取坡度等数据。

(2)面源污染负荷数据

基于 CA—AUNPS 模型模拟 TN、TP 负荷时空变化图(见第 3 章),基于负荷—面积曲线及其斜率识别面源污染关键源区(见第 4 章),作为制定流域面源污染控制 BMPs 措施的重要依据。

(3)面源污染影响因子

通过面源污染影响因子分析获得主要影响因子及其影响程度(见第 5 章),作为制定流域面源污染控制 BMPs 措施的重要依据。

(4)水质数据

基于实地监测获取汤逊湖 2009 年水质数据见表 6—1,常规监测点位见图 6—2。

表 6—1　汤逊湖 2009 年水质监测值

序号	监测点位	E	N	TN (mg/L)	TP (mg/L)
1	武大东湖分校排口	114°18.502′	30°25.835′	0.613	20.13
2	外汤逊湖武大东湖分校水域	114°19.266′	30°25.678′	0.076	0.75
3	大桥港排口	114°18.500′	30°23.235′	0.180	2.08
4	外汤逊湖焦石咀水域	114°20.485′	30°24.366′	0.071	0.80
5	武科大中南分校排口	114°21.268′	30°25.135′	0.658	8.24
6	外汤逊湖湖心	114°21.421′	30°25.535′	0.071	0.80
7	内汤逊湖湖心	114°22.612′	30°25.555′	0.059	0.69
8	内汤逊湖洪山监狱水域	114°23.345′	30°25.912′	0.061	0.74
9	流芳港	114°23.961	30°26.213′	0.512	4.37
10	红旗港	114°24.308′	30°26.978′	0.667	4.15
11	内汤逊湖民营工业园水域	114°22.822′	30°24.375′	0.084	0.83
12	内汤逊湖观音像水域	114°23.718′	30°24.425′	0.060	0.81

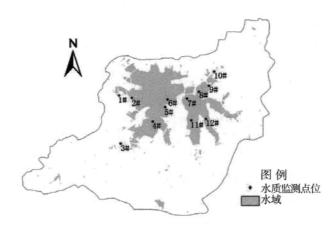

图 6-2　汤逊湖水质常规监测点位示意图

运用空间插值模拟汤逊湖 2011 年水质空间分布,见彩图 9。

由彩图 9 可看出,TN 水质污染较严重的区域主要集中在湖泊西北部和中部,TP 水质污染较严重区域主要分布在湖泊西北部、东北部和中部。上述区域均处于临近建设用地区域或湖岸线不平缓区域。4 个水质污染严重的子区域见图 6-3。

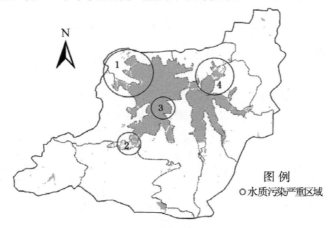

图 6-3　汤逊湖水质污染严重区域示意图

(5)农业和城市活动特点

通过实地调查、在相关部门收集资料和查阅文献等方法了解汤逊湖流域农业和城市活动特点。

6.2　汤逊湖流域面源污染控制 BMPs 体系

6.2.1　BMPs 控制子区划分

根据行政分区及面源污染特征分布将汤逊湖流域分为以下子区,见图 6-4 和表 6-2。

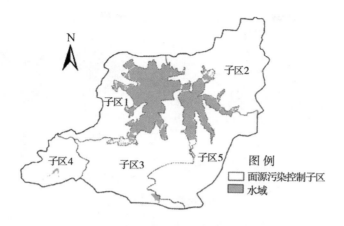

图 6—4 汤逊湖流域复杂面源污染控制子区划分

表 6—2 汤逊湖流域复杂面源污染控制子区

流域子区	所属行政区范围	在流域内的位置	主导面源类型	水质污染子区
子区 1	洪山,江夏区内的大桥	西北部	城市面源	1
子区 2	东湖高新区,江夏区内的庙山北部和藏龙岛北部	东北部	城市面源	4
子区 3	江夏区内的纸坊和庙山中部	中南部	城市面源	2,3
子区 4	江夏区内的郑店	西部、西南部	农业面源	—
子区 5	江夏区内的庙山南部、五里界和藏龙岛南部	东部和东南部	农业面源	—

由表 6—2 可知,子区 1、子区 2 和子区 3 以城市面源污染为主,子区 4 和子区 5 以农业面源污染为主,因此,需根据子区特征制定面源污染治理措施。

由图 6—3 和图 6—4 可知,水质污染严重的 4 个区域对应的汇水区分别分布在子区 1、子区 2 和子区 3,且子区 2 和 3 为流域关键源区主要分布区域,因此,这 3 个子区也是该流域复杂面源污染控制的重点区域。

6.2.2 BMPs 体系与具体措施

复杂面源污染控制 BMPs 体系是一系列用于复杂面源污染控制措施的实践活动的综合。汤逊湖流域复杂面源污染控制 BMPs 体系主要包括基于整个流域环境治理的宏观管理 BMPs 和基于流域复杂面源污染特点的源头控制 BMPs、过程削减 BMPs 和末端治理 BMPs 等,其中公众参与贯穿 BMPs 制定和执行的整个过程。BMPs 体系结构见图 6—5。

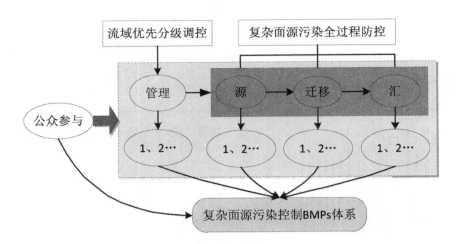

图 6—5　复杂面源污染控制 BMPs 体系

6.2.2.1　宏观管理 BMPs

宏观管理 BMPs 主要用于保障源头控制 BMPs、过程削减 BMPs 和末端治理 BMPs 体系的实施,从政策层面有效控制复杂面源污染,保护汤逊湖流域水环境。

(1)建立面源污染控制管理机构

面源污染控制工作涉及环保、农业、林业、畜牧和水产等行政主管部门,各部门间的有效协调是开展面源污染控制工作的关键(唐浩,2010)。面源污染控制管理机构的主要作用,一是整合相关部门职能、协调各部门的工作;二是制定流域面源污染管理措施;但是推进和监督流域面源污染控制 BMPs 措施的实施。由于汤逊湖流域面积为 260.64 km²,主要包括 3 个子行政区(洪山区、东湖高新区和江夏区),其中江夏区面积约占整个流域的 80%,建议 3 个子行政区分别设立专职人员对行政区内的面源污染情况进行管理,同时,整个流域的面源污染治理以江夏区为主,并由江夏区对流域面源污染控制进行统筹管理。

充足的资金是确保汤逊湖流域面源污染控制 BMPs 得以有效实施的重要保障。资金来源可分为 3 个部分:政府拨款,集资和募捐,其中,政府部门拨款是主要资金来源。

(2)强化环境管理

加强农业环境管理,包括:农田优化施肥和节水灌溉管理;农村生活污水的分户式处理或以村庄为单元的集中收集处理;废弃物(如生活垃圾、秸秆和人畜粪便)的回收和综合利用等。

加强城市环境管理,包括:生活垃圾收集和处理;路面清扫;城市管网建设及雨污分流处理;可透水地面改造;河湖连通等。

(3)合理规划用地布局

合理规划用地布局是未来流域水环境污染控制的主要方向之一(王书敏等,2011)。不同的下垫面和土地利用格局直接影响径流中污染物种类、浓度、径流量大小及产汇流路径,因此面源污染控制应与流域土地利用规划、景观生态规划等规划结合起来。

（4）构建面源污染监测网络

对汤逊湖流域面源污染进行全面监测，以便实时掌握面源污染变化情况，为制定面源污染控制 BMPs 提供依据。

汤逊湖流域土地利用类型主要包括村镇/城市建设用地、农用地、林地/绿地、荒地/裸地和水域，按不同面源类型和不同土地利用类型选择具有代表性的监测点。其中村镇/城市建设用地设 4 个监测点（1～4♯），农用地设 2 个监测点（5～6♯），林地/绿地设 2 个监测点（7～8♯），荒地/裸地设 2 个监测点（9～10♯）。流域汇水区降雨径流采样工作集中在 5—9 月，在降雨形成径流后开始采样，前半小时每隔 5min 采样一次，后半小时每隔 10min 采样一次，1 小时后可根据实际流量变化适当增大采样时间间隔。一年至少监测 3 次，采样时同步记录采样时间、径流量和相关水文参数等。监测指标除 TN 和 TP 外，还可根据流域主要污染物增加 SS、COD 和重金属（如 Zn、Pb）等指标。径流监测的主要作用在于描述流域面源污染情况，并模拟复杂面源污染负荷的实时动态变化。

此外，在汤逊湖中 TN、TP 现状水质较差的区域设 3 个水质监测点（11～13♯），水质监测的主要作用在于通过同步监测水质变化来评估面源污染控制措施的有效性。

汤逊湖流域面源污染控制监测点位见彩图 10 和表 6—3，其中红色点为径流监测点，黄色点为水质监测点。

表 6—3　汤逊湖流域面源污染控制监测点位

土地利用类型	监测点位	E	N	备注
村镇/城市建设用地	1♯	114°18.681′	30°27.237′	监测地表径流量及径流中污染物浓度；4 个点可根据实际情况分别监测屋面、路面、工矿和商业用地等不同地表径流
	2♯	114°24.983′	30°27.503′	
	3♯	114°24.796′	30°24.100′	
	4♯	114°19.262′	30°21.829′	
农用地	5♯	114°16.830′	30°23.001′	主要监测农田地表径流量及径流中污染物浓度
	6♯	114°23.465′	30°21.332′	
林地/绿地	7♯	114°17.963′	30°21.940′	主要监测林地地表径流量及径流中污染物浓度
	8♯	114°20.992′	30°21.882′	
荒地/裸地	9♯	114°27.445′	30°26.612′	监测城市区域裸地上的地表径流量及径流中污染物浓度
	10♯	114°21.852′	30°21.486′	监测农业区域荒地上的地表径流量及径流中污染物浓度
水域	11♯	114°19.301′	30°26.701′	监测汤逊湖水质
	12♯	114°23.834′	30°26.223′	
	13♯	114°21.391′	30°24.907′	

（5）加强宣传教育和公众参与

汤逊湖流域面源污染控制需要政府、单位和个人的全力配合。环保部门通过网络、报刊等平台对公民进行环保宣传和教育。在农业区域内,组织专业技术人员对农民进行农业安全生产和清洁生产技术培训。

实行汤逊湖流域面源污染实时公开制度;设立监督和举报通道,方便公民向相关部门反映面源污染情况,充分发挥公民对面源污染控制 BMPs 实施的监督作用。

6.2.2.2 源头控制 BMPs

源头控制 BMPs 主要用于减少污染物产生量和输出量。

在农业面源区域:采用高效低毒低残留农药和生态农药,降低农药使用量;尽量施用有机农肥,并使用新型肥料注施机(韩秀娣,2000)等;建设畜禽粪便化粪池,干湿分离后的固粪进行资源化利用,液粪经污水处理达标后排放(杨飞,2011);农业生产废弃物(如秸秆)还田;农村生活垃圾清理;农村生活污水处理等。对荒地进行农田改造或绿化。

在城市面源区域:提高城市绿化率,减少不透水区面积;采取路面清扫降低径流中的污染物负荷;对城市施工建设过程中的过渡性用地或裸地进行植被覆盖或苫布覆盖等临时绿化处理,保护表土不受降雨侵蚀。城市生活垃圾产生量大,合理处理垃圾是从源头控制城市面源污染的重要手段。路面清扫是一种有效控制污染径流的方法,其污染物去除率为30%～50%(霍尔等,1989)。

6.2.2.3 过程削减 BMPs

过程削减 BMPs 体系的作用主要包括两个方面:一是通过径流滞缓、下渗和存储,增加污染径流输出路径及延缓污染径流输出时间,从而减少污染物负荷;二是通过拦截、吸附和沉淀等作用在迁移系统中净化污染物(尹澄清,2006)。

(1)农田径流

农田径流是主要农业面源污染源之一,径流中大量的养分、农药和沉积物等污染物往往直接排入受纳水体。采用生态输水渠道处理农田径流,对已有的输水渠道进行生态化改造(唐浩等,2011)。农田径流在输送过程中养分、农药和沉积物等可以通过吸收、吸附和沉淀等作用去除或净化。生态输水渠道对 TN 和 TP 的去除率分别是 48.3% 和 60.6%(殷小锋等,2008)。

(2)屋面径流

采用绿色屋顶技术处理屋面径流。目前,绿色屋顶在国外已经得到普遍应用,近年来在北京、上海、广州和成都等国内城市也逐渐得到推广(贾宁等,2008;叶瑞兴,2007)。绿色屋顶除具有持留雨水的作用外,还具有提高城市绿化率、净化空气和缓解城市"热岛效应"等生态环境效应。汤逊湖流域选择目前流行的"粗放型"绿色屋顶来处理屋面径流。不同于传统的"集约型"绿色屋顶,"粗放型"绿色屋顶由更轻、更薄的基质和更耐旱的植物构成,对建筑物结构要求更低。研究表明,绿色屋顶可减少屋面径流达54%,在流域范围内,当屋顶绿化率达到10%时流域径流量可降低 2.7%(Mentens et al,2006)。屋面径流经绿色屋顶处理后可进一步经地面草地处理,草地对 TN 和 TP 的去除率分别是 30% 和 49%(郭青海等,

2007)。

　　(3)路面径流

　　由于汤逊湖流域城市化发展较为迅速,主干道已由城区延伸至农业区域,因此,城乡路面径流可统一收集并处理。

　　主要采用多孔路面和植草沟等措施来处理路面径流。多孔路面可以有效去除路面径流中的颗粒物、N 和 P 等污染物。研究表明,多孔路面对 TN 和 TP 的去除率分别是 83% 和 65%(郭青海等,2007)。植草沟是在地表沟渠中种植植被的景观性排水系统,具有提高绿化率、滞留径流以及净化径流污染物等作用(扶蓉等,2010)。植草沟技术简易高效,在发达国家是一种广泛用于城市径流面源污染控制的技术措施(刘燕等,2008)。植草沟建议采用生命力强的本土植物。研究表明,植草沟对 TN 和 TP 的去除率分别是 25% 和 30%(Hatt et al,2007)。

　　(4)工矿/商业用地地表径流

　　工矿/商业用地是城市建设用地的主要用地类型之一。在工矿/商业用地上,主要采用草地初步净化和滞留地表径流,植草沟主要起到疏导地表径流和进一步净化污染物的作用。

　　在不同径流的过程削减中,制定优化方案对降雨径流进行循环利用,主要包括农田径流处理后回灌和城市径流净化达标后用于绿化等。

6.2.2.4　末端治理 BMPs

　　末端治理重点在于利用传统的塘、湿地和湖边带等生态系统对污染径流进行存贮滞留,从而达到净化污染物的作用(尹澄清,2006)。

　　(1)农田径流

　　采用滨岸缓冲带和人工湿地对汤逊湖流域农田径流进行末端治理。

　　滨岸缓冲带,是指建立在湖泊、河流和溪流等水体沿岸的植被带,包括草地、林地等,其作用是有效截留污染物、增加植被覆盖率和改善区域环境(董凤丽,2004)。滨岸缓冲带对 TN 和 TP 的去除率分别可达到 84% 和 29%(郭青海等,2007)。在坡度<12° 的坡地上,滨岸缓冲带对农业面源污染具有较强的控制作用(李怀恩等,2006)。一般情况下,5～30m 宽的滨岸缓冲带能有效保护湖泊水质(高超等,2004),对大的湖泊较为合适的植被缓冲带宽度为 22.7～54.6m(王书敏等,2011)。由于汤逊湖流域农用地内坡度小于 10° 的区域占 98.86%,因此宜采用滨岸缓冲带;由于汤逊湖流域面积为 260.64km²,流域滨岸缓冲带设置为约 25m。

　　人工湿地主要通过截留、吸附和沉淀等作用来净化污水,对 N 和 P 有较好的去除作用(吴建强等,2011)。人工湿地具有投资少、工艺简单、抗面源负荷冲击能力强及生态环境效益显著等优点,适宜于土地资源丰富的农村地区。在流域范围内,1%～5% 的湿地可有效去除营养物质(Hey et al,1994),对 TN 和 TP 的去除效率可分别达到 76% 和 29%(张妹等,2011)。

　　沿湖区域农田径流面源污染控制 BMPs 措施见图 6—6。

图6—6　农田径流面源污染控制 BMPs 措施

在雨量较大时或暴雨季节,采用暴雨蓄积塘和稳定塘存贮径流污水,其中,暴雨蓄积池主要用于临时贮存径流,稳定塘主要用于处理和净化径流。经暴雨蓄积塘和稳定塘处理达标后,出水直接排入受纳水体或作为农田灌溉用水循环利用(唐浩,2010)。稳定塘对 TN 和 TP 的去除率分别可达到 29% 和 49%(赵学敏等,2010)。暴雨情况下农田径流污染控制 BMPs 措施见图6—7。

图6—7　暴雨情况下农田径流面源污染控制 BMPs 措施

(2)屋面径流

汤逊湖流域城市郊区农田灌溉系统较为完善,农民居住比较集中。在居民聚居区内,以居住区为单元设置屋面径流收集系统,系统包括径流收集管网、沉淀塘和生态浮岛。沉淀塘主要用于贮存和净化径流污水;生态浮岛建在沉淀塘内,通过种植水生植物达到净化径流和美化环境的作用(唐浩等,2011)。由于城市区域屋面径流相对较少,末端治理可简化或并入邻近路面径流收集系统进行处理。

屋面径流污染控制 BMPs 措施见图6—8。

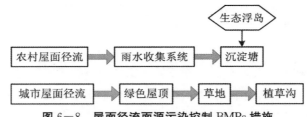

图6—8　屋面径流面源污染控制 BMPs 措施

(3)路面径流

滨岸缓冲带和人工湿地也被用于路面径流的末端治理。

在雨量较大或暴雨季节,可通过设置暴雨蓄积池临时存贮大量的径流污水,并进一步通过稳定塘净化径流污水后用于景观用水或道路洒水,实现径流资源化、节约水资源。在污水管网建设较为完善时,暴雨径流也可直接入污水管网后经污水处理厂处理后回用。

路面径流污染控制 BMPs 措施见图6—9。

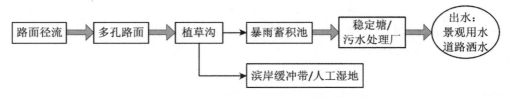

图6—9　路面径流面源污染控制 BMPs 措施

（4）工矿或商业用地等地表径流

对于城市区域的工矿或商业用地等地表径流，在通过草地、植草沟处理后，沿湖区域可进一步通过滨岸缓冲带和人工湿地实现末端治理。同样，在雨量较大或暴雨季节径流可最终通过稳定塘或污水处理厂净化处理后回用。

工矿或商业用地等地表径流污染控制 BMPs 措施见图 6－10。

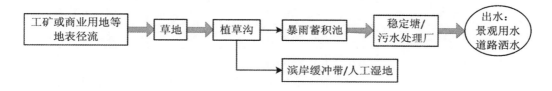

图 6－10   工矿或商业用地等地表径流面源污染控制 BMPs 措施

（5）林地

汤逊湖流域林地面源污染负荷浓度或负荷量均小于建设用地和农用地，因此，对于林地地表径流的治理并不是流域面源污染控制的重点。但由于整个流域坡度较大的区域集中在林地区域内，因此降雨径流量相对较大，由于在暴雨季节应注意林地地表径流导致的水体污染风险。建议在汤逊湖流域的林地偏湖泊周边建植被缓冲带，一方面减弱径流流速；另一方面净化污染物。

林地地表径流污染控制 BMPs 措施见图 6－11。

林地 → 植被缓冲带

图 6－11   林地地表径流面源污染控制 BMPs 措施

6.2.3   BMPs 体系有效性评估

本研究将 CA－AUNPS 模型与 BMPs 相结合，模拟采取 BMPs 后的面源污染控制效果，并进一步评估 BMPs 体系构建的有效性。

6.2.3.1   采取 BMPs 措施后复杂面源污染负荷模拟

汤逊湖流域复杂面源污染控制 BMPs 措施主要包括生态输水渠道、绿色屋顶、草地、多孔路面、植草沟、暴雨蓄积池、稳定塘、滨岸缓冲带/植被过滤带和人工湿地等，各种措施对 TN 和 TP 的去除率见表 6－4。

根据径流类型将上述措施进行优化组合，组合措施的污染物去除率表达式见式（6.1）。

$$\iota = \left[1 - \sum_{i=1}^{n}(1 - \iota_i)\right] \times 100 \tag{6.1}$$

式中，ι 为组合措施的污染物综合去除率，％；ι_i 为第 i 个单项措施的污染物去除率，％。

表 6－4　面源污染治理措施及其污染物去除率

序号	面源污染治理措施	措施分类	污染物去除率		参考数据来源（见文献）
			TN	TP	
1	绿色屋顶	源头控制 BMPs	54.00%	54.00%	（Mentens J et al,2006）
2	生态输水渠道	源头控制 BMPs	48.30%	60.60%	（殷小锋等,20018）
3	草地	过程削减 BMPs	30.00%	49.00%	（郭青海等,2007）
4	多孔路面	过程削减 BMPs	83.00%	65.00%	（郭青海等,2007）
5	植草沟	过程削减 BMPs	25.00%	30.00%	（Hatt et al,2007）
6	稳定塘	过程削减 BMPs	29.00%	49.00%	（赵学敏等,2010）
7	滨岸缓冲带/植被过滤带	末端治理 BMPs	84.00%	29.00%	（郭青海等,2007）
8	人工湿地	末端治理 BMPs	76.00%	29.00%	（张妹等,2011）

　　根据式（6.1）及表 6－4 中单项措施的污染物去除率计算出组合 BMPs 措施的污染物综合去除率见表 6－5。

表 6－5　不同径流类型的 BMPs 措施及其污染物综合去除率

径流类型	措施	综合去除率	
		TN	TP
农田径流	1. 生态输水渠道＋暴雨蓄积池	48.30%	60.60%
	2. 生态输水渠道＋暴雨蓄积池＋稳定塘	63.29%	79.91%
	3. 生态输水渠道＋滨岸缓冲带/人工湿地	91.73%	63.29%
屋面径流	1. 绿色屋顶＋草地	67.80%	76.54%
	2. 绿色屋顶＋草地＋多孔路面	94.53%	91.79%
	3. 绿色屋顶＋草地＋植草沟	75.85%	83.58%
	4. 绿色屋顶＋暴雨蓄积池＋稳定塘	67.34%	76.54%
路面径流	1. 多孔路面＋植草沟	87.25	75.50%
	2. 多孔路面＋植草沟＋暴雨蓄积池＋稳定塘/污水处理厂	90.95	87.51%
	3. 多孔路面＋植草沟＋滨岸缓冲带/人工湿地	97.96	82.61%
工矿或商业用地等地表径流	1. 草地＋植草沟	47.50%	64.30%
	2. 草地＋植草沟＋暴雨蓄积池＋稳定塘/污水处理厂	62.73%	81.79%
	3. 草地＋植草沟＋滨岸缓冲带/人工湿地	91.60%	74.65%
林地地表径流	1. 植被缓冲带	84.00%	29.00%

由表6-5可知,在不同的BMPs组合措施中,每增加一级面源污染处理措施,处理效果就得到相应改善。考虑到不同组合的BMPs措施实际实施情况及其相应的经济成本等,从保守角度考虑,采用最不利环境条件模拟采取BMPs措施后的面源污染负荷,设定模拟条件如下:

(1)以丰水年的逐日降雨量作为降雨输入条件,即以1998年逐日降雨数据进行模拟;

(2)分别以不同径流类型的最小去除效率作为面源污染负荷估算的输入条件,即农业区域径流中 TN 和 TP 去除效率参考农田径流和屋面径流中污染物去除率最小值,分别取48.30%和60.60%;城市区域径流中 TN 和 TP 去除率参考屋面径流、路面径流和工矿或工商业地表径流中污染物去除率最小值,分别取 47.50%和64.30%。由于林地面源污染较小,其污染物去除率不单独考虑。

在上述输入条件下,运用 CA－AUNPS 模型模拟出采取 BMPs 措施后 2020 年和 2030 年面源污染负荷时空变化见图 6－12,面源污染负荷量统计结果见表 6－6。

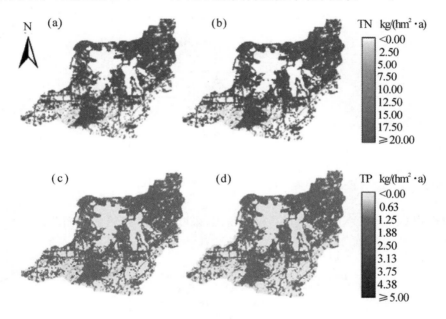

图 6－12　采取 BMPs 后汤逊湖流域面源污染负荷模拟

(a)、(b)2020 年和 2030 年 TN 负荷;(c)、(d)2020 年和 2030 年 TP 负荷

表 6－6　采取 BMPs 后汤逊湖流域面源污染负荷统计结果

面源污染负荷 年份	TN		TP	
	单位负荷 kg/(hm² · a)	总负荷 t/a	单位负荷 kg/(hm² · a)	总负荷 t/a
2020	12.56	281.87	0.99	22.22
2030	12.94	298.18	0.91	20.97

6.2.3.2 BMPs体系有效性评估

国际上通常以成本效益比和公民满意度作为BMPs体系的评估依据(Turpin et al, 2005)。汤逊湖流域复杂面源BMPs的评估以环境效益、投入成本和公众接受程度作为评估依据,3种评估模式分别是:①主要以环境效益作为评估依据;②以环境效益和投入成本所计算的成本效益比作为评估依据;③公众对BMPs带来的成本效益的满意程度作为评估依据。选择何种模式主要取决于评估要求、基础数据收集和其他一些主客观条件。该研究以环境效益作为评估依据进行汤逊湖流域面源污染控制BMPs体系有效性评估。复杂面源污染控制BMPs体系评估流程见图6—13。

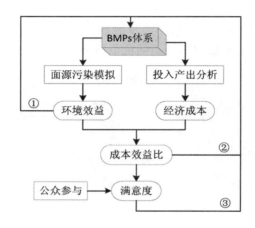

图6—13 BMPs体系评估流程

通过运用CA—AUNPS模型进行模拟得出,采取BMPs措施前后面源污染负荷变化见图6—14。

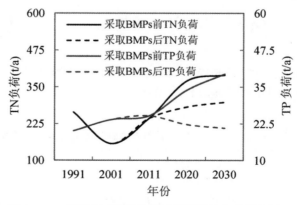

图6—14 采取BMPs措施前后面源污染负荷模拟结果

表 6—7　采取 BMPs 措施前后汤逊湖流域面源污染负荷对比

面源污染负荷 \ 年份		2020	2030
TN	采取措施前 TN 负荷(t/a)	370.06	390.12
	采取措施后 TN 负荷(t/a)	281.87	298.18
	削减量(t/a)	88.19	91.94
	削减率(%)	23.83	3.57
TP	采取措施前 TP 负荷(t/a)	33.89	39.40
	采取措施后 TP 负荷(t/a)	22.22	20.97
	削减量(t/a)	11.67	18.43
	削减率(%)	34.43	46.78

由图 6—14 和表 6—7 可知：

(1)采取 BMPs 措施后，2020 年 TN、TP 负荷分别是 281.87t/a 和 22.22t/a，相对于采取 BMPs 措施前 TN、TP 负荷分别减少了 88.19t/a 和 11.67t/a，削减率分别是 23.83% 和 34.43%；2030 年 TN、TP 负荷分别是 298.18t/a 和 20.97t/a，相对于采取 BMPs 前 TN 负荷分别减少了 91.94t/a 和 18.43t/a，削减率分别是 23.57% 和 46.78%。TN 负荷削减效率小于 TP 负荷，主要与 BMPs 措施对 TN 和 TP 的去除率相关，在该研究模拟输入条件中，存在以下关系：TN 去除率＜TP 去除率，且农业区域 TN 去除率＞城市区域 TN 去除率，农业区域 TP 去除率＜城市区域 TP 去除率。因此，随着城市化发展，在 BMPs 措施相同的情况下，汤逊湖流域 TN 去除率会略低于 TP 去除率。

(2)采取 BMPs 措施后，1991—2030 年 TN 负荷整体仍呈增长趋势，但增长率降低；TP 负荷在 2011 年以后呈减少趋势。

TN、TP 负荷的实际去除效率不仅与采取的 BMPs 措施及其实施情况相关，也与未来汤逊湖流域实际土地利用规划、产业发展和气象水文等情况相关，因此，具有一定不确定性。面源污染模型与 BMPs 措施相结合来分析采取 BMPs 措施后的污染负荷，一方面便于分析 BMPs 措施的有效性；另一方面为政府和环保部门采取相应的污染措施提供重要的参考依据。

6.3　本章小结

复杂面源污染控制 BMPs 体系能有效削减汤逊湖流域面源污染 TN、TP 负荷。基于行政分区、面源污染主导类型、邻近水体水质及关键源区分布,汤逊湖流域共分为 5 个 BMPs 控制子区,按优先分级控制策略,其治理优先顺序依次为子区 2 和子区 3、子区 1、子区 5 和子区 4。汤逊湖流域复杂面源污染控制 BMPs 体系在遵循优先分级控制及全过程防控的前提下,细分为宏观管理 BMPs、源头控制 BMPs、过程削减 BMPs 和末端治理 BMPs4 个子体系。采取 BMPs 综合措施后,TN、TP 负荷综合去除率分别可达到 48.30～97.96%、60.60～91.79%。从保守角度考虑,在最不利条件下模拟采取 BMPs 措施后的污染物负荷,2020 年 TN、TP 负荷分别是 281.87t/a 和 22.22t/a,其削减量分别是88.19t/a和 11.67t/a,削减率分别是23.83%和34.43%;2030 年 TN、TP 负荷分别是298.18t/a 和 20.97t/a,削减量分别是 91.94t/a 和 18.43t/a,相应的削减率分别是 23.57% 和 46.78%,TN 负荷削减率整体小于 TP 负荷削减率。采取 BMPs 措施后,1991—2030 年 TN 负荷整体仍呈增长趋势,但增长率降低;TP 负荷在 2011 年以后呈减少趋势。

参 考 文 献

［1］ Hatt BE，Fletcher TD，Deletic A. Treatment performance of gravel filter media：Implications for design and application of stormwater infiltration systems［J］. Water Research，2007，41(12)：2513－2524.

［2］ Hey DL，Barrett KR，Biegen C. The hydrology of four experimental constructed marshes［J］. Ecological Engineering，1994，3(4)：319－343.

［3］ Mentens J，Raes D，Hermy M. Green roofs as a tool for solving the rainwater runoff problem in the urbanized 21st century？［J］. Landscape and Urban Planning，2006，77(3)：217－226.

［4］ Turpin N，Bontems P，Rotillon G，et al. AgriBMPWater：systems approach to environmentally acceptable farming［J］. Environmental Modelling & Software，2005，20(2)：187－196.

［5］ 董凤丽. 上海市农业面源污染控制的滨岸缓冲带体系初步研究［D］. 上海：上海师范大学，2004.

［6］ 扶蓉，周开壹，孙学军，等. 基于多孔混凝土的低碳植草沟（GP 水沟）技术［J］. 公路工程，2010，35(005)：52－55.

［7］ 高超，朱继业，窦贻俭，等. 基于非点源污染控制的景观格局优化方法与原则［J］. 生态学报，2004，24(1)：109－116.

［8］ 郭青海，杨柳，马克明. 基于模型模拟的城市非点源污染控制措施设计［J］. 环境科学，2007，28(11)：2425－2431.

［9］ 韩秀娣. 最佳管理措施在非点源污染防治中的应用［J］. 上海环境科学，2000，19(3)：102－104.

［10］ 霍尔，詹道江. 城市水文学［M］. 南京：河海大学出版社，1989.

［11］ 贾宁，田明华，赵蔓卓，等. 北京市屋顶绿化的发展与对策［J］. 中国城市林业，2008，6(3)：27－29.

［12］ 焦荔. USLE 模型及营养物流失方程在西湖非点源污染调查中的应用［J］. 环境污染与防治，1991，13(6)：5－8.

［13］ 李怀恩，张亚平，蔡明，等. 植被过滤带的定量计算方法［J］. 生态学杂志，2006，25(1)：108－12.

［14］ 刘燕，尹澄清，车伍. 植草沟在城市面源污染控制系统的应用［J］. 环境工程学报，2008，2(3)：334－9.

［15］ 唐浩，黄沈发，熊丽君，等. 上海市农业面源污染控制 BMPs 框架体系研究——（I）技

术性 BMPs[J]. 上海环境科学，2011，30(2)：51—54，59.

[16] 唐浩. 农业面源污染控制最佳管理措施体系研究[J]. 人民长江，2010，41(17)：54—
57.

[17] 万金保，胡倩如，王嵘，等. 串联式 BMPs 在面源污染控制中的应用[J]. 南昌大学学
报：工科版，2008，30(3)：209—211.

[18] 王书敏，于慧，张彬. 城市面源污染生态控制技术研究进展[J]. 上海环境科学，
2011，(4)：168—73.

[19] 吴建强，唐浩，黄沈发，等. 上海市农业面源污染控制 BMPs 框架体系研究——（Ⅱ）
工程性 BMPs[J]. 上海环境科学，2011，30(3)：120—3.

[20] 杨飞. 江苏省沛县农业面源污染现状及对策[J]. 污染防治技术，2011，24(3)：90—2.

[21] 叶瑞兴. 浅谈城市屋顶绿化的植物配置与设计[J]. 福建林业科技，2007，34(1)：
220—3.

[22] 殷小锋，胡正义，周立祥，等. 滇池北岸城郊农田生态沟渠构建及净化效果研究[J].
安徽农业科学，2008，36(22)：9676—9.

[23] 尹澄清. 城市面源污染问题：我国城市化进程的新挑战[J]. 环境科学学报，2006，26
(7)：1—4.

[24] 张妹，尚佰晓，周莹. 莲花湖人工湿地对污水的净化效果研究[J]. 中国给水排水，
2011，27(9)：25—28.

[25] 赵学敏，虢清伟，周广杰，等. 改良型生物稳定塘对滇池流域受污染河流净化效
果[J]. 湖泊科学，2010，22(1)：35—43.

第 7 章

城乡交错带复杂面源污染研究展望

该研究针对城乡交错带区域特点提出了"复杂面源污染"(Complex non-point pollution)的概念,并在 GIS 平台上基于成熟的农业面源模型、城市面源模型、城市化模型和邻域统计方法,构建了适用于模拟农业用地和城镇建设用地交错并存区域复杂面源污染的 CA-AUNPS 模型;运用 CA-AUNPS 模型模拟并预测了快速城市化背景下典型流域面源污染 TN、TP 负荷时空变化;基于关键源区识别和关键影响因素分析,针对性地构建了典型流域复杂面源污染控制 BMPs 体系。针对现有研究工作中发现的不足,提出后续研究建议和设想如下:

(1)城乡交错带复杂面源污染机理研究

本研究所采用的重叠式邻域统计工具是一种空间统计算法,未能完全从物理机理上阐明邻域对中心元胞面源污染特征的影响。同时,城乡交错带与单一的农业或城市区域的关键区别在于农业和城市用地交错分布导致土地利用呈现高度空间异质性,在城乡交错带内的"农业/城区源区"交界处,下垫面特征迅速变化导致污染物迁移转化过程随之改变,可能存在边界效应。未来将重点开展复杂面源污染发生的机理研究,重点明确城乡交错带边界效应及其对复杂面源污染影响的定量表达,并以此为基础构建普适性更高的复杂面源污染机理模型,进一步提高复杂面源污染负荷时空分布模拟的精度。

(2)城乡交错带复杂面源污染模型的最佳适用条件研究

CA-AUNPS 模型被证实能有效用于中小尺度流域的复杂面源污染负荷时空分布的模拟,该模型是否适用于大中尺度的复杂面源污染负荷模拟、或将该模型用于大中尺度流域的复杂面源污染负荷模拟需如何优化模型等问题尚待进一步研究。另外,CA-AUNPS 模型的最佳适用条件是有待进一步研究的问题,即当城市化率处于何种水平(区间)时,运用该模型估算复杂面源污染负荷能满足精度要求。

(3)人为干扰对城乡交错带复杂面源污染的准确表达

城乡交错带的显著特征之一是,在城市化过程中受到人为干扰大,主要表现为:建设开发引起的土地利用快速变化、管网的建设进度及利用率、征地引起的农用地性质的转变(可能转变为建设用地、荒地/裸地、绿地等)和阶段性闲置、涵闸设置引起的水系阻隔等。如何在模型模拟中准确表达年际、年内的人为干扰对面源污染负荷模拟的影响值得进一步研究。

(4)DEM 数据对快速城市化建设过程中的产汇流影响

DEM 数据无法像遥感影像数据实现及时更新,而城乡交错带在快速城市化建设中平整土地(如填洼和小山坡削平等)导致局部区域地形发生变化,坡度和坡向等数据改变,从而直接影响产流特征及汇流路径。在后续研究中,拟研究可行的算法或方法对 DEM 变化进行识别和校正,在此基础上完善产汇流路径识别及子流域划分,以降低来源于 DEM 数据的模拟误差。

(5)面源污染关键时期—源区协同识别研究

关键时期(Critical Periods,CPs),是指面源污染输出负荷占全年总负荷大部分的少数时期。面源污染关键时期和关键源区的识别对于污染控制同等重要。现有研究多以年尺度关键源区识别为主,且多将关键源区和关键时期识别过程分开,导致识别的关键时期和关键源区时空互不匹配,从而大大降低了研究结果对面源污染控制的实际指导作用。下一步将重点研究关键时期和源区协同识别新方法,灵活、定量、分级表达关键时期内的关键源区,为制定区域面源污染优先分级控制策略提供科学指导,确保将有限的环保投资投入到对水体危害可能性最大而范围较小的区域和时期内,有效降低治理难度并提高环保投资效益。